Dietmar Lohr · Komplexe Produkte einfach steuern

Komplexe Produkte einfach steuern

Das Konzept Fortschrittszahlen

Dipl.-Math.(FH) Dietmar Lohr

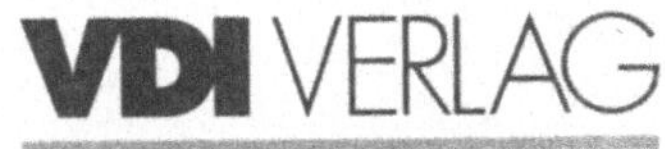

Die Deutsche Bibliothek – CIP-Einheitsaufnahme

Lohr, Dietmar:
Komplexe Produkte einfach steuern : das Konzept Fortschrittszahlen /
Dietmar Lohr. – Düsseldorf: VDI Verl., 1996

ISBN-13: 978-3-540-62361-8   e-ISBN-13: 978-3-642-95817-5
DOI: 10.1007/978-3-642-95817-5

Geleitwort

Ist ein Fachbuch in Romanform ein Risiko oder eine Chance?

Autor und Verlag sind mit dem vorliegenden Buch eine Herausforderung an die Lesbarkeit eines Fachbuches eingegangen, die meiner Ansicht nach in vollem Maße eingelöst wurde.

Die Kommunikation mit Fortschrittszahlen, welche in den 30er Jahren in Deutschland entwickelt wurde, sich in Amerika dann durchsetzte und erfolgreich nach Deutschland zurückkam, ist ein hervorragendes Instrument für die Lösung der Auftragsabwicklung bei der Großserienfertigung im Verhältnis zwischen Automobilhersteller und Automobilzulieferer.

Im vorliegenden Buch vermittelt der Autor seine Erfahrungen aus über 40 durchgeführten Praxisfällen in der Automobilzulieferindustrie. Der Autor war bis vor kurzem bei der Firma ACTIS in Stuttgart tätig – einem Softwarehaus, das speziell die Belange der Automobilzulieferindustrie unterstützt.

Auf dem Weg zur Bildung "fraktaler" Unternehmen entstehen heute in der gesamten Zulieferindustrie dezentrale Produktionsbereiche, die klare und umsetzbare Zielvereinbarungen benötigen. Die Produktionsbereiche der Serienfertigung sollen am Bedarf ausgerichtet werden, um damit die Kosten zu senken und die Kapitalbindung zu verringern. Dieses Vorgehen hat jedoch gravierende Auswirkungen auf die Planung und Steuerung in Informationssystemen, denn in solchen Produktionsumgebungen gibt es keinen zentralen Plan. Darüber hinaus muß der Anwender jederzeit über die aktuelle Bedarfs- und Deckungssituation informiert werden, und zwar über den gesamten Produktionsprozeß.

Das Fortschrittszahlenkonzept bietet eine Fülle von Lösungen, so daß sich der Ansatz – ähnlich wie das japanische KANBAN-Prinzip – ideal als Ergänzung zu klassischen Planungsmethoden eignet. Nicht zuletzt durch das sogenannte Fliegerspiel arbeitet der Autor die Möglichkeiten von Fortschrittszahlen in hervorragender Weise heraus. Dem Leser wird empfohlen, dieses Fliegerspiel detailliert nachzuahmen, um einen Eindruck von der Stärke des Systems der Fortschrittszahlen zu gewinnen.

Wegen immer engerer Bindung zwischen Zulieferer und Hersteller wird in den meisten Fällen vom Hersteller gefordert, daß der Zulieferer das Konzept der

Fortschrittszahlen zumindest in der Auftragsbearbeitung und damit in der Software einsetzt. Es sind deshalb nicht nur Organisations- und DV-Spezialisten, sondern auch die Fachbereiche und die oberen Führungsebenen mit diesem Werk aufgefordert, sich mit herkömmlichen Planungs- und Steuerungsansätzen kritisch auseinanderzusetzen. Für die Lehre stellt die Arbeit einen wichtigen Schritt zu der wünschenswerten, vertieften Auseinandersetzung mit Fragen zum Informationsbedarf in der Planung und Steuerung sowie zur Simulation von Fertigungsprozessen der Serienfertigung dar.

Neben dem rein fachlichen Inhalt vermittelt das Buch viele Details des täglichen Umgangs im Büro und gibt Hinweise auf Zeitmanagement und Verhalten in der Planarbeit: insgesamt eine Bereicherung unter den Fachbüchern der Neuen Generation.

Taucha, im September 1996   *Prof. Dr.rer.nat. Hans-Jochen Schneider*
UWE-Gruppe

Vorwort

Dezentrale Organisationsstrukturen halten Einzug in die Zulieferindustrie. Ein wesentlicher Schritt ist, den einzelnen Mitarbeiter ganz bewußt in die Verantwortung und Zielsetzung einzubeziehen. Das heißt, es soll der Unternehmer im Unternehmen gefördert werden. Die Industriebetriebe selbst beschränken sich dabei meist auf die Bearbeitung der Kernfunktionen und übergeben die restlichen Produktionsaufgaben an Fremdfertiger oder Lieferanten. Für das Hilfsmittel Informationssystem bedeutet das: weg vom klassischen Start-/Endetermin-Denken und hin zum gesamtheitlichen Steuern.

In diesem Buch wird ein neuer Weg zur Bereitstellung der notwendigen Steuerungsinformationen gezeigt. Fortschrittszahlen (FZ) wurden ursprünglich bei der Kommunikation zwischen Automobilhersteller und -zulieferer eingesetzt. Darüberhinaus sind sie bisher nahezu unbekannt, aber genau das gilt es zu ändern!

Etwas ungewöhnlich mag der Romanstil erscheinen, der bei Fachbüchern normalerweise nicht verwendet wird. Ich habe mich trotzdem dafür entschieden und hoffe, daß Umfeld und Einsatz von Fortschrittszahlen so leichter verständlich werden.

Mein besonderer Dank gilt Prof. Dr. rer. nat. Hans-Jochen Schneider und Dr. Günter Stübel, die mich – nicht zuletzt durch 'das Fliegerspiel' – bei meinen Studien zum Wesen der Fortschrittszahl unterstützt haben. Christine Schott danke ich für die Überarbeitung des Rohmanuskripts; durch ihre Erfahrung wurde mein Schreibstil wesentlich geprägt. Schließlich habe ich mich über die außerordentlich gute und jederzeit partnerschaftliche Zusammenarbeit mit dem VDI Verlag gefreut und bedanke mich hier bei Dr.-Ing. Wolfram Borchert.

Waldenbuch-Glashütte, im September 1996   *Dietmar Lohr*

Inhalt

1 Einleitung

*Wenn wirkliches Neuland betreten wird, kann es
vorkommen, daß nicht nur neue Inhalte aufzuneh-
men sind,
sondern daß auch die Struktur des Denkens sich
ändern muß, wenn man das Neue verstehen will.*

Werner Heisenberg

Montag Morgen, 8.00 Uhr. Der im Radio angekündigte Stau auf der Autobahn A8 ist wie immer Realität. Noch genau 5 km bis zur Abfahrt. Das wird aber reichlich knapp.

Meine Gedanken schweifen ab. Mal sehen, was mich da erwartet. Die Firma kenne ich ja gut. Im letzten Jahr war ich bestimmt schon fünfzig Tage dort. Ja, damals waren sie noch meine Kunden, die eine Softwareanpassung brauchten. Dem Vertriebsteil unserer Standardsoftware haben wir dazu einen Rucksack verpaßt. Zuliefertauglich muß er sein, das war die Forderung.

Die Uhr ruft mich wieder zurück: Stop and Go – den letzten Kilometer in knapp neun Minuten. Wenn das so weiter geht, komme ich glatt zu spät. Um 8:30 Uhr soll ich bei GHS sein.

„Das ist eine große Herausforderung und gleichzeitig eine Chance, sich selbst zu verwirklichen", sagte der Geschäftsführer beim Einstellungsgespräch. So ist es halt, wenn man einer neu gekauften Firma die alte Software verpaßt ohne vorher zu überlegen, ob es überhaupt die richtige ist. Wahrscheinlich darf ich jetzt auch noch die restlichen Module verbiegen. Nur stehe ich jetzt auf der anderen Seite: GMS ist nicht mehr mein Kunde, sondern mein neuer Brötchengeber. Und ich werde mehr Geld verdienen. Geld ist zwar nicht alles, aber es beruhigt ungemein.

Endlich geschafft – runter von der Autobahn. Es ist nicht mehr weit. Ich schaue auf die Zeiger: 8:40 Uhr – Katastrophe – schon zu spät. Ich passiere das Firmentor und stelle meinen Wagen auf einem freien Besucherparkplatz ab. Schnell die Tasche und den Mantel vom Rücksitz und im Laufschritt zu der netten Dame vom Empfang, die ich noch vom letzten Jahr kenne. Meine Uhr zeigt 8:44.

„Ich habe einen Termin bei Herrn Schmidt", rufe ich ganz außer Atem, „Wo finde ich ihn?" „Aha, sieh an! Herr Schmidt hat schon nach Ihnen gefragt", entgegnet die Dame grinsend, „Bitte gehen Sie in den Besprechungsraum Zimmer 108 im ersten Stock, den kennen Sie ja schon. Übrigens, in Zukunft dürfen Sie nicht mehr auf dem Besucherparkplatz parken." „Stimmt", entgegne ich, „ich gehöre jetzt ja auch zum Inventar." Es scheint sich schon im ganzen Haus herumgesprochen zu haben, daß ich hier anfange. Ich stürze die Treppe hinauf und verlangsame meinen Schritt erst, als ich die offene Tür zu Raum 108 sehe.

Vorsichtig trete ich ein, und da steht er. Herr Schmidt ist mit den Unterlagen, die vor ihm liegen, beschäftigt. Ein mittelgroßer, schlanker Mann, der durch das Jacket, die Cordhose und den Rollkragenpullover bewußt seinen sportlichen Eindruck unterstreicht. Als er aufblickt schaut er mich erwartungsfroh an.

„Guten Morgen, Herr Grüner. Wie war die erste Fahrt?" „Ich bin, glaube ich, zu spät losgefahren. Da waren fünf Kilometer Stau auf der A8...", zu mehr komme ich nicht. Das war wohl das falsche Wort zum falschen Zeitpunkt. Die eben noch freundlichen Gesichtszüge des Herrn Schmidt verändern sich schlagartig. Mit eisernem Blick schaut er mich an und schließt die Tür. „Ich hasse Unpünktlichkeit! Wenn wir einen Termin ausmachen, erwarte ich, daß dieser eingehalten wird." Schweigen. Wie ein Kloß liegen mir diese Worte im Magen. Stimmt. 'Wir' haben den Termin ausgemacht. Er hat mich sogar gefragt, ob 8:30 Uhr passen würde.

„Sie müssen wissen, wenn ich auf der einen Seite die Ziele gemeinsam mit den Mitarbeitern definiere, so erwarte ich auf der anderen Seite, daß diese Ziele verfolgt und die Vereinbarungen eingehalten werden." Sein freundlicher Blick kehrt wieder zurück. „Genau in diesen Punkten sind Sie mir in der Vergangenheit immer positiv aufgefallen, und das sollte in Zukunft auch wieder so sein. Ich glaube, jetzt geht es los..."

In diesem Moment geht die Tür auf. Sechs Personen betreten nacheinander den Raum. Sie scheinen in eine heftige Diskussion vertieft zu sein und nehmen keine Notiz von uns beiden.

Die meisten kenne ich schon, um genau zu sagen vier. Roger, der mich sofort duzte, ein rundlicher Typ, der bestimmt kein Fest ausläßt – sonst wäre er wahrscheinlich nicht so fett. Die Herren Segmentmanager aus der zweiten Führungsebene, Grieshaber und Müller. Denen hab ich bisher nur 'Grüß Gott' gesagt, ihre Aufgabe kenne ich nicht so genau. Und da ist noch meine Traumfrau, die Vreni, mit der ich schon mal aus war und bei der ich nicht landen konnte. Ja, sie habe ich in den Schulungen von unseren – halt – den Softwareanpassungen der Firma SST kennengelernt.

2 Die Organisation

*Laß' dir von keinem Fachmann imponieren, der
dir erzählt: „Lieber Freund, das mache ich schon
seit 20 Jahren so!"
Man kann eine Sache auch 20 Jahre lang falsch
machen.*

Kurt Tucholsky

„Guten Morgen", Herr Schmidt lenkt die Aufmerksamkeit auf sich. „Darf ich Ihnen Ihren neuen Kollegen Herrn Grüner vorstellen. Wie einige von Ihnen wissen, hat Herr Grüner bei der Firma SST gearbeitet und dort für uns die Auftragsbearbeitung um die Abwicklung Abrufgeschäft erweitert. Er wird zusammen mit Ihnen ein Konzept erarbeiten, mit dessen Hilfe wir das System in der Produktion und im Einkauf unserer Denkweise anpassen."

„Da haben Sie aber eine schwierige Aufgabe übernommen", bemerkt ein breitschultriger Riese, der sich als erstes aus der Gruppe löst und auf mich zukommt. „Ich werde mich anstrengen um den Anforderungen zu genügen," erwidere ich hastig, bevor mich der Große überrennt. Lächelnd bremst er vor mir ab und ich schaue nach oben. „Mein Name ist Bronner. Ich bin der Segmentmanager Spritzguß. Ich freue mich, daß Sie sich der Aufgabe stellen. Das System hat's wirklich nötig." Er schüttelt mir die Hand. „Das hier ist Herr Kunz. Er ist für die Disposition im Segment zuständig." Bronner zeigt auf den kleinen drahtigen Mann um die Dreißig. Herr Kunz gibt mir die Hand. Ich kann mich des Eindrucks nicht erwehren, daß die beiden ideal David und Goliath darstellen könnten.

Die anderen Vier kenne ich ja schon. Ich gebe allen die Hand. Vreni blinzelt mir zu – na, vielleicht bekomme ich ja noch eine Chance. Sie ist die Disponentin von Grieshaber. Was stellen die nochmal her? Ich glaube es waren Schalter, stimmt, Warnblinkschalter vorwiegend.

Unaufgefordert nehmen alle Personen an dem großen ovalen Besprechungstisch Platz. Herr Schmidt bietet mir den Platz neben sich an. „Sie notieren sich bitte die, aus Ihrer Sicht, dargestellte Organisation. Das weitere Vorgehen besprechen wir später." Ich habe noch so viele Fragen zu dieser Aufgabenstellung, aber jetzt ist keine Zeit. Wer zu spät kommt, den bestraft das Leben.

„Wir haben jetzt 9:15 Uhr und um 11:00 Uhr soll die Besprechung zu Ende sein", beginnt Herr Schmidt. Er schiebt mir das Einladungsschreiben zur Sitzung zu. Detailliert, mit genauen Zeitangaben stehen hier die Punkte, die heute angesprochen werden.

Kick off Redesign Informationssystem

Besprechungsraum: 108   Zeit: 9:00 Uhr - 11:00 Uhr

Teilnehmer

	Herr Grüner
	Herr Schmidt
Seg. Schalter	Herr Grieshaber
	Frau Koch
Seg. Aschenb./Blenden	Herr Müller
	Herr Thiel
Seg. Spritzguß	Herr Bronner
	Herr Kunz

Agenda

1. 09:00 - 09:15 Uhr	Begrüßung von Hrn. Grüner
2. 09:15 - 09:45 Uhr	Vorstellung der Organisation im Unternehmen
	- Ziele und Gesamtorganisation
	- Segmentbildung
	- Ausblick
3. 09:45 - 10:15 Uhr	Aufbau des Segments Schalter
	- Segmentorganisation
	- Disposition
4. 10:15 - 10:45 Uhr	Aufbau des Segments Aschenbecher/Blenden
	- Segmentorganisation
	- Disposition
5. 10:45 - 11:00 Uhr	Aufbau des Segments Spritzguß
	- Segmentorganisation
	- Disposition

„Die Entstehungsgeschichte des Unternehmensbereiches kennen Sie schon aus unseren Vorgesprächen, Herr Grüner. Deshalb ...“ Ja, das stimmt. Der Unternehmensbereich wurde gegründet, nachdem irgendein maroder Zulieferer in der Gegend die Kunstoffertigung abstoßen wollte. Genau, bisher hatte GMS die Maschinen an den Zulieferer verkauft. GMS, so heißt die Firma bei der ich jetzt arbeite. Gerhard Meyer Spritzguß – und früher stellten die nur Maschinen und Werkzeuge her. Mit den Maschinen hat sich die Firma bei der Zulieferindustrie einen Namen gemacht. Anscheinend haben die Maschinen sensationelle Rüstzeiten. Und vor eineinhalb Jahren haben sie das Werk übernommen. Hier werden genau mit diesen Maschinen Zulieferteile gefertigt.

„... beginne ich mit den Unternehmenszielen und den Anforderungen der Kunden. Hieraus haben wir gemeinschaftlich die Organisation abgeleitet.“ Gespannt lausche ich den Worten von Herrn Schmidt.

Meine bisherigen Erfahrungen mit Unternehmensorganisation beschränken sich auf die theoretischen Ausführungen an der Uni und auf die paar Kunden, die ich bei SST betreut habe. Taylor, Maslow und Herzberg sind die Namen aus der Hochschule und die Firmen KTK, MT-Auto aus der Praxis. Bisher habe ich bei der Softwareeinführung immer 'Die müssen...' gehört, obwohl das wenig mit Selbstverwirklichung, Selbstachtung und Sozialbedürfnissen zusammenpaßt. Aber ich habe gedacht, das muß so sein. Hier höre ich jetzt das erste Mal etwas anderes.

„Unser Ziel ist: Geld zu verdienen. Das haben wir leider noch nicht erreicht, da die Umstrukturierungsmaßnahmen und die immens hohen Lagerbestände uns einen Strich durch die Rechnung gemacht haben. Die Umstrukturierung ist weitestgehend abgeschlossen und an den Lagerbeständen müssen wir jetzt arbeiten. Wie sind diese Lagerbestände entstanden? Als Zulieferer ist man dem ständig schwankenden Abrufverhalten der Kunden ausgesetzt. Den Kunden interessiert es nicht, mit welchen Mitteln man die Liefertermine einhält. Ja, er erwartet von uns die absolute Pünktlichkeit und diese konnten wir bisher nur durch entsprechenden Lagerbestand sicherstellen.“ Die meisten in der Runde nicken, außer Grieshaber, der möchte wohl was sagen. Aber Schmidt winkt ab.

„Am Anfang nach der Übernahme war hier eine absolut negative Stimmung. In dieser Situation mußte ich die Fertigung zuerst beruhigen, also ganz bewußt auf Lagerbestand produzieren. Das war für mich die einzige Chance, um bei den Leuten Vertrauen zu gewinnen. Sie können sich nicht vorstellen, was hier los war. Am ersten Tag als ich ins Büro kam, glaubten die Mitarbeiter, ich sei der

Konkursverwalter. Es war unheimlich schwer alle davon zu überzeugen, daß GMS den Betrieb wieder auf Vordermann bringen will. Zu den früheren Eigentümern hatten die Leute jegliches Vertrauen verloren. Aber jetzt wieder zurück zu den Fakten! Mir wurde schnell klar, daß man in diesem Unternehmen 'Grundsätzliches' verändern muß, um einen langfristigen Erfolg zu gewährleisten. Die Kunden fordern nämlich, außer Liefertermintreue, einen konkurrenzlos günstigen Preis bei hervorragender Qualität. Das bedeutet, wir müssen alle Kosten reduzieren, die außerhalb des tatsächlichen Fertigungsprozesses anfallen. Die Produktion muß unbedingt am Bedarf ausgerichtet werden. Für die Lieferanten wie für die Fremdfertiger gilt: Man muß sie stärker in den Fertigungsprozeß integrieren. Mit der neuen Organisation haben wir nun den Grundstein gelegt, um dieses Ziel zu erreichen. Es waren alle Mitarbeiter an der Definition beteiligt. Die einzelnen Positionen wurden durch Wahl besetzt, und in den Gruppen konnten die Leute ihre Organisation selbst bestimmen. Anzumerken ist, daß die Mitarbeiter erst durch die Schulungen, die wir hier von Beginn an durchgeführt haben, offen für diesen Ansatz waren. Teamwork, Verantwortung tragen, persönliche Arbeitstechnik, das waren die Themen." Er nimmt einen Schluck Wasser aus dem Glas, das vor ihm steht.

Als hätte er nur darauf gewartet, nimmt Roger diese Geste zum Anlaß, den dampfenden Kaffee in der Runde anzubieten. „ Ich bin schon ganz am Verdursten. Möchte sonst noch jemand Kaffee?" „Ich höre mich nicht nein sagen", schallt es vom Riesen herüber. Das war das Signal. Alle heben die Tasse, auch ich – und Roger macht die Runde. „Jetzt fehlt nur noch was zum Essen!" Schallendes Gelächter. „Wir pflegen hier einen sehr persönlichen und freundschaftlichen Umgangston", übertönt Müller das Lachen. „ Wir verstehen uns als großes Team von nahezu 400 Personen. Jeder setzt sich im Zweifelsfall für den anderen ein." „Außer ein paar Wenigen!" ergänzt Vreni mit aufgesetztem Dackelblick. Wieder Gelächter.

„Genau das ist der Punkt", Herr Schmidt lenkt die Aufmerksamkeit wieder auf sich. „Wir hatten beim Kauf die Maßgabe, den größten Teil der Belegschaft zu übernehmen. In dem damaligen Unternehmen herrschte ein streng hierarchischer Führungsstil. Einbeziehen der Mitarbeiter in die Unternehmensziele war dort ein Fremdwort: Selbst die Übernahme wurde den Mitarbeitern erst einen Monat vor Inkrafttreten mitgeteilt. Trotz der Schulungsmaßnahmen ist es sehr schwierig, diese veralteten Organisationsmuster einfach über Bord zu werfen. Vorwiegend für langjährige Mitarbeiter: Diese sehen eine über 25 Jahre gelebte Organisationsform wahrscheinlich schon als 'Gott gegeben' an. Selbstorganisation und Selbstverantwortung sind unsere Schlüsselbegriffe. Die gesamte Organisation mußte durchleuchtet werden. Wir haben dann gemeinsam das gesamte Unternehmen an der Produktion ausgerichtet. Mit der Produktion, so ist unsere Maxime, wird das Geld verdient. Alle anderen Arbeiten sind Dienstleistungen." Ich krame in meinem Halbwissen, um das Gehörte in eine Schublade einzuordnen. Finde aber keine. Ich kenne die Produktion nur als Befehlsempfänger. Sklaven, bei denen die Schlagzahl stimmen muß. Deshalb auch die Akkordentlohnung: Möglichst viel 'raushauen, damit die Maschinen ausgelastet sind. Und hier wird von bedarfsorientierter Fertigung gesprochen, interessant!

„Der erste Schritt war, die gesamte Entlohnung auf neue Beine zu stellen", fährt Schmidt fort, als ob er meine Gedanken lesen könnte. „Alle Mitarbeiter werden hier über ein individuell verhandeltes Festgehalt entlohnt. Darauf aufbauend wird am Ende des Monats eine Erfolgsprämie ausgeschüttet, die sich nach den Zielen in den einzelnen Fertigungssegmenten richtet."

„Was sind denn Fertigungssegmente?", frage ich dazwischen.

„Nun, Fertigungssegmente sind die einzelnen Gruppen in der Produktion, die für die logistische sowie fertigungstechnische Erstellung der einzelnen Produkte verantwortlich sind. Das erste Kriterium, nach dem wir unterscheiden, ist die Fertigungstypologie: in unserem Fall die Serien-, Los- und Einzelfertigung. Bei der Serienfertigung differenzieren wir noch in Produktgruppen; das ist das zweite Kriterium. So haben wir vier Segmente festgelegt. Eines ist hier nicht vertreten – das Segment Einzelauftrag. Dieses können wir, ganz im Gegensatz zu den hier Anwesenden, ordentlich über das bestehende System abbilden. Es soll im Konzept nur am Rande betrachtet werden. Warum dieses Segment mit dem SST-System arbeiten kann, sollten Sie sich nachher vor Ort selbst anschauen."

Herr Schmidt steht auf und geht an das Flip-Chart, das hinter uns an der Stirnseite des Raumes steht. Während er das Unternehmensmodell dort skizziert fährt er mit seinen Erläuterungen fort. „Das Segment Spritzguß, das Segment Schalter und das Segment Aschenbecher/Blenden bilden unseren Problemkreis. Die zwei Montagesegmente ebenso wie das vorher genannte Segment Einzelauftrag greifen auf Teile von Spritzguß zu. Aus dem Rohstofflager bedient sich nur das Segment Spritzguß, deshalb ist dieses Lager physisch und kostenmäßig dort angesiedelt. Da wir eine automatische Beschickungsanlage für alle Spritzgußmaschinen haben, kann das Lager nach Mindestbestand gesteuert werden. Zukaufteile sind, wenn sie eindeutig einem Segment zugeordnet werden können, im Segment direkt gelagert. Jeweils ein Zukaufteillager gibt es im

Segment Aschenbecher/Blenden und Schalter. Die anderen Teile, auch Zukaufteile, die gemeinsam benutzt werden, liegen im Lager 'Betriebs- und Hilfsstoffe'. Der Wareneingang ist für alle Lager getrennt, wobei wir für das Lager Rohstoffe keinen ausgewiesenen Lageristen haben. Dort wird das Schüttgut direkt vom LKW in die Beschickungsanlage gefüllt. Schlußendlich haben wir noch einen gemeinsamen Versand." Ich male eifrig mit. „Da ist noch ein Endteilelager?" frage ich. „Das Endteilelager benutzen wir zum Ausgleich der Bedarfsschwankungen im Segment Aschenbecher/Blenden." Mit einem dicken Strich durchkreuzt Herr Schmidt das Lager. „Das muß in Zukunft entfallen! Der Versand wird zukünftig direkt mit der Produktion kommunizieren."

Roger unterbricht: „Was ist mit der Fremdfertigung? Die tut uns doch besonders weh!" Ich mache mir einen Vermerk in meinen Aufschrieb. „Oh ja, die habe ich ganz vergessen", der Geschäftsführer betrachtet seine Skizze, „Die Fremdfertigung fällt in Zusammenhang mit den Blenden beziehungsweise Aschenbechern an. Es treten zwei Arten von Fremdfertigung auf. Die eine Art ist die zwingend notwendige Fremdfertigung, das bedeutet, fertigungstechnisch sind wir gar nicht in der Lage die Arbeit zu tun. Wir müssen nämlich auf unsere Blenden und teilweise auf die Aschenbecher Schriftzüge anbringen." Zwischen dem Segment Spritzguß und Aschenbecher/Blenden malt er einen Kasten und schreibt den Namen 'Geiser' hinein. „Geiser ist die Firma, die für uns die Beschriftungen vornimmt. Das Unternehmen ist genau 485 Meter von uns entfernt. Herr Grüner, wenn Sie aus dem Fenster schauen, dann müßten sie es rechts hinten sehen – Ich betone das deshalb, weil es ein Glücksfall für uns ist, daß Geiser in der Nähe ist. Wir können ihn ganz einfach über KANBAN steuern ..."

„Entschuldigung, wenn ich schon wieder unterbreche", werfe ich ein, „aber was ist denn KANBAN?"

„KANBAN!", meldet sich Müller hellwach zu Wort. „KANBAN ist eine phänomenale Steuerungsmethode, die aus Japan kommt. Hier braucht man keine zentrale Fertigungssteuerung, um die Produktion zu planen. Alles passiert dezentral in der Produktion selbst. Das heißt, der Abnehmer schickt an seinen Lieferanten eine standardisierte Pendelkarte mit der Information, daß er unmittelbar das gewünschte Teil produzieren und abliefern muß. Dieses Hol-Prinzip wird durch die Übergabe der Karte angestoßen. Die Karten sind an den Behältern angebracht, und wenn der Abnehmer alle Teile aus einer Kiste entnommen hat, so wird die Pendelkarte vom Behälter entfernt und an die vorgelagerte Produktionsstätte übergeben. Es wird somit nur das produziert, was gebraucht wird." „ Warum habt ihr dann noch euer Endteilelager?" stichelt Grieshaber. „Damit wir keine 'Terminjäger' brauchen, wie ihr!" Oh je, jetzt geht's los. Die Parteien Aschenbecher/Blenden und Schalter liefern sich ein Wortgefecht.

Von Augenwischerei ist die Rede; ich schalte ab und zeichne einen Zug mit Lokomotive auf mein Blatt. Was bedeutet KANBAN? Wenn die Lokomotive der Kunde ist, so sind die Wagons die einzelnen Fertigungszellen. Zieht die Lokomotive an, so werden nacheinander alle Wagen in Bewegung gesetzt. Jeder Wagen bekommt über seine Kupplung durch den Vordermann den Impuls. Das ist prima, so kann man es interpretieren. Die Kette wird zwangsläufig in Bewegung versetzt, wenn ganz vorne die Lokomotive oder in unserem Fall der Kunde das Signal gibt. Aber was passiert, wenn die Lokomotive bremst? Nacheinander werden alle Wagen verlangsamt – das scheint auch zu passen. Irgendwie gefällt mir das Ganze noch nicht, denn warum brauchen die dann ein Endteilelager. Ja genau! Wie sieht's denn aus, wenn die Lokomotive andauernd anfahren und wieder bremsen würde? Der gesamte Zug wird erst gestreckt und im nächsten Moment wieder zusammengepreßt. Würden Menschen in den Wagons sitzen, so werden diese immerfort durchgeschüttelt, je nachdem, ob der Wagon losstartet oder auf den Vorderen draufkracht. Ich übertrage das Bild auf die Fertigung. An einem Tag ersticken die Leute in der Arbeit und am nächsten wissen sie nicht, was sie tun sollen. Keiner weiß, was in Zukunft auf ihn zukommt. Wenn der Zug der richtige Vergleich für KANBAN ist, bin ich der Meinung, daß KANBAN optimal bei einer gleichmäßigen Produktion ohne allzugroße Schwankungen einzusetzen ist.

„Halt!", ich schrecke auf als Herr Schmidt die Diskussion unterbricht, „ Wir sprechen hier über die Organisation und die Steuerung, wie sie heute ist und nicht darüber, wie sie sein sollte. Was wir noch verbessern können, werden wir an einem der nächsten Termine besprechen." Die Streithähne haben sich beruhigt und Schmidt fährt fort: „ Wir waren bei der Steuerung unseres Fremdfertigers Geiser. Wie schon gesagt, ihn steuern wir über KANBAN, und das sieht in der Praxis folgendermaßen aus: Bei ihm ist in der Produktion ein Faxgerät installiert, auf das wir, bei leerer Kiste, einfach eine normierte Anforderung schicken. Er produziert und liefert die Ware. Geiser tut dasselbe, wenn er neue Teile von Spritzguß braucht – er schickt ein Fax an die Abteilung Spritzguß und die liefert unverzüglich die Ware. Das funktioniert wirklich sehr gut und ist außerdem kostengünstig. Wir haben aber noch eine ganz andere Fremdfertigung. Mit ihr gleichen wir unsere Kapazitätsspitzen aus, das heißt, wir vergeben die komplette Montage von Aschenbechern an eine Partnerfirma.

Diese muß jedoch rechtzeitig wissen, was zu tun ist, da sie keine unendlichen Kapazitäten vorhalten kann. Ich möchte nicht vorgreifen, denn die Steuerung erfolgt im Segment Aschenbecher/Blenden – dann kann Herr Thiel selbst erklären, was ihm besonders weh tut." Herr Schmidt lächelt zu Roger hinüber und ergänzt: „Fremdfertigung tritt zwar in geringem Maß auch im Segment Einzelauftrag auf, aber dort wird es über das SST-System gesteuert."

Herr Schmidt schlägt eine neue Seite am Flip-Chart auf. „Eine Zukunftsvision haben wir auch. Sie ist sogar relativ konkret und bedeutet eine super Chance für uns." Mit sicherem Strich entwirft er wortlos eine Skizze – wahrscheinlich hat er die in letzter Zeit öfters gemalt. „ Das Projekt 'Bedienkonsole'. Mit einem Konsortium von mehreren Firmen haben wir bei einem renomierten Waschmaschinenhersteller die Zulieferung der kompletten Bedienkonsole angeboten. Das Produkt wird in mehreren Varianten benötigt und soll komplett verdrahtet an den Hersteller geliefert werden. Da wir räumlich am nächsten liegen, ist geplant, daß hier in einer neuen Halle die Endmontage stattfindet. Den Zuschlag für das Projekt erwarten wir in circa vier Wochen, was bedeutet, daß die Anforderungen in unserem Redesign des PPS-Systems Eingang finden müssen. Außer der Endmontage werden wir alle Kunstoffteile selbst produzieren. In erster Linie sind davon die Segmente Schalter und Aschenbecher/Blenden betroffen. Für das Segment Spritzguß wird sich logistisch nichts ändern." Müller hat glänzende Augen – durch eifriges Kopfnicken bestätigt er sein Interesse. „Das ist für uns eine neue Dimension der Zusammenarbeit und meiner Meinung nach die Zukunft in der Zulieferindustrie. Gemeinsam mit Partnerfirmen ein Produkt erstellen, das nach außen wie aus einem Guß aussieht, das ist es!" sprudelt es aus Müller heraus. Er lehnt sich zurück, nachdem ihm Vreni mit dem Daumen nach oben signalisiert, daß sie der gleichen Meinung ist. „In Neudeutsch heißt das 'Virtuelle Unternehmen'", ergänzt sie fachmännisch.

„Eines noch. Mitte vergangenen Jahres haben wir für jedes Fertigungssegment die Position des Segmentmanagers ausgeschrieben", setzt Herr Schmidt nochmal an, „Die Stelle ist für ein Jahr festgeschrieben und wird durch Wahl im jeweiligen Segment besetzt. Das Resultat überzeugt mich." Ein Lächeln huscht über die Gesichter der Angesprochenen.

Segmentmanager Grieshaber ergreift schmunzelnd das Wort. „Der Manager hat die Aufgabe, das Segment nach außen zu vertreten und die organisatorischen Aufgaben zu übernehmen. Ich bin also die Sekretärin des Segments!" „Demut und Dienen!" Vreni beherrscht den unterwürfigen Dackelblick wirklich vorzüglich. Beherztes Lachen. Bronner, der Riese schlägt sich lautstark auf den Schenkel.

„So jetzt sind Sie dran, Herr Grieshaber", bemerkt der Geschäftsführer und nimmt wieder Platz. Ich schaue auf die Uhr. Just in Time, genau zwei Minuten vor dreiviertel Zehn. Ich fange eine neue Seite an.

„Die Organisation im Segment Schalter: Ganz einfach erklärt", beginnt Grieshaber, „ Bei uns arbeiten genau 107 Personen. Wir befassen uns ausschließlich mit der Serienproduktion. Die Kunden haben mit uns Rahmenverträge für ein Jahr abgeschlossen und rufen diese in Teilmengen über die gesamte Periode ab. Wir haben es in diesem Zusammenhang mit dauernden Abrufschwankungen zu tun, da es den Kunden meist im letzten Augenblick einfällt, was sie eigentlich brauchen." Er steht auf und geht ebenfalls ans Flip-Chart, nimmt sich den Stift von Herrn Schmidt und schlägt die beschriebene Seite nach hinten. „Aufgrund unserer heutigen Organisation im Unternehmen sind wir, als Segment, für die Kosten und den Umsatz unserer Produkte verantwortlich. Dies haben wir zum Anlaß genommen, um die gesamte Organisation und die Steuerung neu zu überdenken. Was haben wir also getan?" Mit dieser Frage will Grieshaber wohl die Aufmerksamkeit auf sich lenken, da Müller und Roger das Kommende scheinbar schon vordiskutieren. „Zuerst haben wir uns über die Rahmenbedingungen Gedanken gemacht. Da sind die Abrufschwankungen der Kunden auf der einen Seite und die Tatsache, daß die Schalter erst in unserem Segment den größten Wertschöpfungsprozeß durchlaufen, auf der anderen Seite. Schalter bestehen nämlich nur zu einem geringen Teil aus eigenproduzierten Teilen, besser gesagt: Nur die Kunstoffteile werden im eigenen Haus gefertigt. Alles andere sind teure Zukaufteile, die erst an der Linie verbaut werden."

„Was ist denn los?" Grieshaber schaut wütend zu Müller. „Ach nichts – wir haben uns nur überlegt, was man bei euch besser machen könnte." „Besser machen?" sagt Grieshaber. Die Sicherheit in seiner Stimme ist verschwunden. Er weiß bestimmt, wo seine Schwierigkeiten liegen. „Ja, ja!" Müller lehnt sich überlegen zurück. „Aber das können wir nachher diskutieren." Gott sei Dank fängt die Streiterei nicht von Neuem an.

„Mit diesen Rahmenbedingungen haben wir unser Ziel definiert," vorsichtig fängt Grieshaber wieder an. „Unser Ziel ist, die Produktion am Bedarf auszurichten. Davon haben wir uns versprochen, daß die leidigen Lagerbestände abgebaut werden können und die geringeren Lagerkosten den Gesamtkostenblock drastisch reduzieren. Den ersten Engpaß haben wir in der

Organisation der Produktion selbst festgestellt. Also haben wir die gesamte Produktion auf die einzelnen Kunden ausgerichtet." „Was soll das denn bringen?" werfe ich ein; das ist mir völlig unklar. „Ganz einfach", Grieshaber ist wieder in seinem Element, „Ist eine Produktion in einzelne Werkstätten aufgeteilt, dann ist die Kontrolle und Steuerung des gesamten Produktionsprozesses schwierig. Die einzelnen Arbeitsplätze haben nur Bezug zum vorgelagerten und nachgelagerten Arbeitsplatz, aber nicht zum Kunden. Tritt eine Verzögerung an einem einzelnen Arbeitsplatz auf, so werden die Auswirkungen auf den einzelnen Kunden erst im Versand bekannt. Früher sind die Disponenten immer im Versand rumgerannt und haben die Teile gesucht." „Und heute rennt die gesamte Firma im Versand rum!", unterbricht Roger angriffslustig. „Ihr habt die Produktion doch genauso organisiert, oder?", jetzt wird Grieshaber aber böse. „Nicht aufregen, Sie haben ja recht! Aber heute rennen doch bei euch immer noch die Disponenten im Versand herum," legt Roger nach. „Und ihr seht den Versand, vor lauter Lagerbeständen, gar nicht!", kontert Grieshaber.

„Jetzt muß ich aber massiv eingreifen", unterbricht Herr Schmidt in scharfem Ton. „Meine Dame, meine Herren, wir sitzen hier, um unsere Organisation vorzustellen. Jedes Segment konnte seine Organisation und die damit verbundene Steuerung selbst bestimmen, und wir sind nicht hier, um die Organisation der jeweils anderen Gruppe schlecht zu machen. Denn erstens hat jede der hier vorgestellten Definitionen ihren Vorteil und zweitens hat sie auch ihren Nachteil. Wir müssen darangehen, aus den Vorteilen der unterschiedlichen Gruppensteuerungen eine optimale Gesamtsteuerung zu bestimmen. Dann ist uns allen gedient! – Und heute werden die Organisationen nur vorgestellt. Können wir uns darauf einigen?" Alle nicken, außer Roger, der meint: „Wir können doch ganz sachlich die Schwächen und Stärken der Organisation mit ansprechen, dann weiß Klaus doch gleich, wo er ansetzen muß?" „Das soll der Vortragende aber bitte selbst sagen, sonst endet das hier im Chaos!" erwidert Schmidt. „Fahren Sie bitte fort, Herr Grieshaber."

„Wo bin ich stehengeblieben? Ach ja, bei den Kundenlinien", legt Grieshaber wieder los. Mit dem Stift malt er einen Kasten am Flip-Chart und skizziert fünf Linien. „Jede dieser Kundenlinien hat einen Materialverantwortlichen, der die Teile von den vorgelagerten Stellen abholt und bereitstellt. In unserem Verantwortungsbereich sind außerdem die Zukaufteile, die wir selber steuern. Diese stehen im Lager Zukaufteile und werden von einem Lageristen verwaltet. Das heißt, der Materialverantwortliche holt die benötigten Teile aus dem Lager Zukaufteile, dem Segment Spritzguß und dem Lager Betriebs-/Hilfsstoffe. Die

Steuerung des gesamten Segments erfolgt über die zentrale Disposition, die ihre Planung über das SST-System macht."

Viertel nach Zehn – wir sind in Verzug geraten. Wahrscheinlich hat das auch Herr Grieshaber bemerkt, denn er setzt sich schnell und zeigt auf Vreni.

Sie fühlt sich auch gleich angesprochen und schießt drauf los: „Heute machen wir 'Disposition nach MRP'! Damit meine ich: Jede Linie planen wir in SST, das heißt wir sind vier Personen und haben uns die Kunden aufgeteilt. Auf Basis des Primärbedarfs lösen wir Fertigungsaufträge aus, die wir kapazitativ einplanen und, wenn genügend Untermaterial verfügbar ist, fixieren. Nach dem Drucken der Fertigungspapiere gehen die Aufträge an die jeweilige Kundenlinie. Der Materialverantwortliche nimmt sich vor Start des Auftrags die Materialentnahmescheine und holt die Unterteile vom entsprechenden Lageristen ab." „Genau, so muß es sein", entweicht es meinen Lippen. „Eben nicht", antwortet Vreni, „das ist das Problem!" Schon wieder flüstern die Beiden aus Segment Aschenbecher/Blenden. Aber Vreni redet unbekümmert weiter: „Auch nach der Umstrukturierung in Kundenlinien, haben wir prinzipiell zwei Fertigungsstufen pro Linie. Im System haben wir diese Gegebenheit auf eine Stufe reduziert, und zwar deshalb, weil das System viel zu starr ist um auf die Bedarfsschwankungen flexibel zu reagieren. Bei jeder Änderung muß der Fertigungsauftrag manuell angepaßt werden. Es müssen neue Papiere gedruckt werden, die man dann wieder an die Linie bringen muß. Das ist eine Katastrophe; wir sind schon dazu übergegangen, wohlgemerkt trotz der reduzierten Abbildung, die kurzfristigen Änderungen manuell an die Fertigung weiterzugeben. Ein zweites Problem ist, daß wir durch die Reduzierung der Fertigungsstufen erst im Versand merken, wenn etwas schief gegangen ist." „Ich glaube, du hast etwas vergessen", interveniert jetzt Roger, „was ist mit dem Lagerbestand?" „Du hast recht, durch unsere manuellen Einplanungen in der Fertigung werden öfters die falschen Mengen gebucht. Deshalb machen wir jede Woche eine kleine Inventur in unserem Zukaufteillager. Du hörst also, Klaus, es gibt viel zu tun, denn mit eurem System muß man ja stundenlang herumplanen, um anschließend festzustellen, daß die Planung schon wieder veraltet ist." Mit einem breiten Grinsen schaut sie mich an und setzt sich hin.

Eins zu Null! Im Austeilen ist sie gut – mal sehen, ob sie auch einstecken kann. Das bekommt sie irgendwann zurück. Äußerlich bleibe ich jedoch völlig gelassen und übergehe den Angriff, als hätte ich ihn nicht bemerkt.

„So, jetzt bin ich dran!" Müller wartet auf seinen Einsatz. „Aber mach' nicht so lang, sonst wird das Mittagessen kalt;" blökt Roger. Wahrscheinlich knurrt ihm schon der Magen.

„Bei uns herrschen die selben Rahmenbedingungen, aber wir steuern das Segment ganz anders", setzt Müller an, „ Wir sind 82 Personen im Bereich und haben uns auch in Kundenlinien organisiert. Die gesamte Steuerung basiert jedoch auf der KANBAN-Philosophie. Das heißt, wir haben keine zentrale Fertigungsdisposition, sondern steuern dezentral über die einzelnen Regelkreise. Konkret läuft das so ab: Den Anstoß zur Produktion bekommen wir aus dem Endteilelager. Wird dort vom Versand eine Verpackungseinheit entnommen, so gibt der Versand die angeheftete Pendelkarte an die entsprechende Kundenlinie. Das bedeutet, alles was wir produzieren entspricht mindestens einer Packeinheit des Kunden oder eines Vielfachen davon. Das Endteilelager nehmen wir als Puffer; aber dazu sage ich nachher noch etwas."

Das war das Zeichen. Vreni und Grieshaber tuscheln auf der anderen Seite des Tisches. „Ich sagte, daß ich nachher noch etwas dazu sage", bemerkt Müller ärgerlich, „jetzt möchte ich zuerst die gesamte Organisation vorstellen, da ansonsten Herr Grüner die Zusammenhänge nicht verstehen kann. An jeder Kundenlinie haben wir einen Linienverantwortlichen. An diesen wird die Pendelkarte gegeben. Nach dem 'First in First out'-Prinzip werden die Aufträge abgearbeitet." „Was ist denn das 'First in First out'-Prinzip?", möchte ich wissen. „'First in First out' bedeutet: Es wird zuerst der Auftrag bearbeitet, der bereits am längsten in der Warteschleife liegt", antwortet Müller. „Das heißt, egal wie wichtig ein Auftrag ist, alles wird stur nach dieser Methode abgearbeitet?", hake ich nach, „Ich meine, vielleicht braucht man von einem Teil erst wieder in zwei Wochen und von einem anderen, das zeitlich später aufgebraucht wurde, schon morgen." „Ja, die Reihenfolge wird durch die 'First in First out'-Regel festgelegt. Es gibt keine Optimierung, da alle Teile bei KANBAN gleich wichtig sind", sagt Müller. „Sehen Sie, der junge Mann hat es auch schon bemerkt", platzt Grieshaber heraus. „Nein, nein, ich möchte nicht wieder für Unruhe sorgen", füge ich schnell an, „diskutieren können wir das ja später. Ich wollte es nur verstehen."

„Also gut, ich rege mich jetzt nicht auf", setzt Müller wieder an. „Ist ein Auftrag zur Bearbeitung dran, so wird die Linie auf den Auftrag eingerichtet und der Materialverantwortliche bekommt die Aufgabe, Unterteile zu besorgen. Über ein Programm, das wir selbst geschrieben haben, weiß er welche und wieviele Unterteile für die Kundenpackeinheit gebraucht werden. Mit diesen Informationen geht er zu den Lageristen Zukaufteile, Betriebs- und Hilfsstoffe,

Spritzguß und holt die Teile. Alles stellt er dann der Linie zur Verfügung und schon geht das Produzieren los. Apropos, die Zukaufteile gehören zu unserem Segment. Der Lagerist entnimmt die Teile aus dem Lager. Dort ist alles in den Packeinheiten des Lieferanten gelagert. Ist eine Einheit leer, dann übergibt der Lagerist die interne Behälterbegleitkarte an Herrn Thiel. Herr Thiel bestellt, und wenn die Ware ankommt, druckt der Lagerist eine neue Behälterbegleitkarte aus und heftet diese an die Ware. Erst dann wird eingelagert."

„Ich glaube, das war's", schließt Müller ab. „Noch nicht ganz", meldet sich jetzt Roger zu Wort, „alle vergessen immer unsere Fremdfertigung. Denn aufgrund unserer beschränkten Kapazität können wir gar nicht alle Anforderungen selbst bearbeiten. Heute haben wir fünf Kundenlinien und an manchen Tagen könnten wir bestimmt doppelt soviele gebrauchen. Das Problem ist auch, daß KANBAN die Zukunft nicht kennt." „Das stimmt", wirft Vreni jetzt ein, „sonst könntet ihr nämlich die Reihenfolge optimieren. Manche Teile können zum Beispiel warten, wenn der Kunde die Bedarfe runterfährt, oder über die Optimierung der Rüstzeiten könntet ihr auch Zeit gewinnen." „Wir haben eine vereinbarte Größe, ab der wir Teile in die Fremdfertigung geben.", redet Roger einfach weiter, „Warten mehr als fünf Aufträge, dann entscheidet der Linienverantwortliche, welche Aufträge in die Fremdfertigung gehen. Er übergibt den, für die Fremdfertigung bestimmten, Auftrag an den Materialverantwortlichen. Der stellt die Unterteile in einer speziellen Bereitstellungszone ab und leitet den Auftrag an mich. Ich telefoniere dann bei unseren Fremdfertigern herum und vergebe den Auftrag an denjenigen, der am schnellsten liefern kann. Das ist die gesamte Steuerung in unserem Bereich. Unser Vorteil liegt in dieser dezentralen Organisation. Ich bin der einzige Disponent, die anderen konnten wir alle für neue Aufgaben freistellen und ich muß nur noch die Fremdfertiger und Lieferanten kontrollieren", schließt Roger ab und will sich gerade noch einen Kaffee nehmen. Doch dazu kommt er nicht mehr, denn Grieshaber wettert gleich drauf los: „Wo soll denn da der Vorteil sein? Das letzte Mal, als wir die Lagerbestände bewertet haben, sind bei euch zwei Millionen auf Lager gelegen und bei uns knapp eine Million. Und wenn ich dann noch bedenke, daß wir vor einem halben Jahr in eurem Endteilelager Waren im Wert von 200.000,-- DM verschrotten mußten, weil ihr nicht bemerkt hattet, daß der Kunde die Teile gar nicht mehr braucht, dann verstehe ich wirklich nicht, wo da der Vorteil liegen soll. Außerdem murren eure Lieferanten und Fremdfertiger, daß ihr nicht mal in der Lage seid, diese vorausschauend zu disponieren. Teilweise haben sie deshalb schon die Preise nach oben gesetzt." „Jetzt aber mal Stop", meldet sich nun der Riese zu Wort. Er ist bisher mit Herrn Kunz ganz ruhig am Tisch gesessen und hat sich an den Streitereien um die richtige Steuerung nicht beteiligt. „Wir haben uns schon oft genug über die geeignete Steuerungsform bei Bedarfsschwankungen in die Haare bekommen und immer haben wir festgestellt, daß die beiden Steuerungsmethoden, die wir praktizieren, nicht optimal funktionieren. Bei der einen haben wir einen immens hohen Personalaufwand zur Steuerung, und bei der anderen sind die Lagerbestände unüberschaubar riesig. Die Organisation bei Aschenbecher/Blenden wäre ja in Ordnung, aber durch die hohe Wertschöpfung des Produktes in diesem Segment können wir uns langfristig nicht die monströsen Lagerbestände erlauben. Wir sollten nun unsere Steuerung als Beispiel vorstellen, dann sieht Herr Grüner in welchem Umfeld KANBAN wirklich geeignet ist." Herr Bronner spricht leise mit Herrn Kunz. Wahrscheinlich stimmen sie ihre Präsentation ab.

Ich nutze die Zeit und lasse den Schalter- und Aschenbecher/Blenden-Vortrag nochmal Revue passieren. Irgendwie sind in beiden Segmenten die Prozeßabläufe unzweckmäßig abgebildet. Der MRP-Ansatz im SST-System scheint zu unflexibel in der Planung und die jetzt praktizierte KANBAN-Steuerung zu wenig vorausschauend. Die Lösung muß wohl eine Systematik sein, die möglichst wenig Planungsaufwand verursacht und trotzdem vorausschauende Informationen liefert. Bloß, wie soll man das verwirklichen?

„Für uns ist die KANBAN-Steuerung eine prima Sache," fängt Bronner an. „Die habe ich ja auch mitkonzipiert", meldet sich Müller zu Wort. „Sie sind eben unser KANBAN-Pabst", beginnt Bronner von Neuem, mit einem Grinsen auf dem Gesicht. „So witzig.", Müller lehnt sich schmollend zurück. Bronner führt weiter aus: „Wir sind 35 Personen im Bereich. Organisatorisch und kostenmäßig verwalten wir, außer der Produktion selbst, das Lager der 'fertig gespritzten und entgrateten Teile' und das Rohstofflager. Herr Kunz hat im letzten halben Jahr für jedes Teil eine kostenminimale Losgröße berechnet." „Die Losgröße, bei der die Produktionskosten am geringsten sind? Rüstkosten, Werkzeugkosten,...", frage ich. „Eben nicht!" Herr Bronner unterbricht mich, „Unsere Erfolgsprämie richtet sich nach den Gesamtkosten, also auch nach den Lagerkosten. Wenn wir nur an unseren Produktionskosten gemessen würden – so wie früher – dann hätten wir Losgrößen, die unseren Werkzeugstandzeiten entsprechen. Die Lager würden überquellen und keinen interessiert's. Nein, Herr Kunz hat das Minimum zwischen Produktions- und Lagerkosten berechnet. Pro Teil haben wir normalerweise einen Behälter an Lager. Die Inhaltsmenge entspricht der kostenminimalen Losgröße. Entnimmt das nachfolgende Segment diesen Behälter, so geht er erstens in dessen Verantwortungsbereich über und zweitens bekommen wir die Pendelkarte, um wieder einen gefüllten Behälter abzuliefern. Ein ganz einfaches Prinzip, und es funktioniert hervorragend, da wir keine

Kapazitätsengpäße kennen. Wir verfügen über genügend Spritzmaschinen, weil wir das Schwesterunternehmen von GMS Maschinen und Werkzeuge sind. Das ist unser Glück. Bei uns stehen immer ein paar Vorführmaschinen oder Prototypen, mit denen wir im Bedarfsfall ganz normal produzieren können." „Ich plane die KANBAN-Aufträge bei den freien Maschinen ein und gebe diese Information an den entsprechenden Einsteller vor Ort.", ergänzt Herr Kunz. „Desweiteren gehe ich einmal am Tag in unser Rohstofflager, lese die Füllstände in der Beschickungsanlage ab und bestelle damit die weiteren Rohstofflieferungen. Das ist im Prinzip alles, was an Disposition anfällt." Schweigen.

„So schön möchte ich es auch mal haben", sagt Vreni, „einfach nach Mindestbestand bestellen." „Hier haben wir wirklich die optimale Organisation, um mit KANBAN zu steuern. Steuerung nur mit einer Person, Reduzierung der Lagerkosten auf die Hälfte – und das alles ohne SST-System – was will das Herz mehr. Hier haben wir wirklich massiv Kosten eingespart." Müller kommt richtig ins Schwärmen.

„Ja, da haben wir schon etwas erreicht. Leider macht der Bereich nur 15 Prozent unserer Gesamtkosten aus. Für die Anderen finden wir auch noch die richtige Lösung, aber dazu müssen alle zusammenarbeiten und einen gemeinsamen Ansatz finden. Die Kleinkriege müssen beendet werden, darum bitte ich. – Für heute ist jetzt erst mal genug, wir sind pünktlich fertig geworden", Herr Schmidt schaut auf die Uhr, „Alle weiteren Termine bezüglich Redesign Informationssystem koordiniert in Zukunft Herr Grüner." Herr Schmidt nickt mir zu. „Verbleibt mir noch, Ihnen einen erfolgreichen Tag zu wünschen. Bis bald!" Langsam stehen die Leute auf. Vreni lächelt mich an: „War nicht so gemeint, du verstehst das schon!" Ohne eine Antwort abzuwarten, verläßt sie nach den anderen den Raum.

„Wie hat es Ihnen gefallen?" Herr Schmidt wendet sich mir zu. „Das war ziemlich viel Information, die muß ich erst sortieren," erwidere ich. „Können Sie bis morgen siebzehn Uhr alles aufbereiten?" „Ja, das schaffe ich," sage ich, „Sollen wir uns dann treffen?" „Ja, am besten in meinem Büro." Herr Schmidt steht auf. „Ich zeige Ihnen jetzt ihren Arbeitsplatz. Folgen Sie mir einfach!" Herr Schmidt geht Richtung Tür. „Halt, ich möchte noch die Aufschriebe auf dem Flip-Chart mitnehmen." Ich reiße die Seiten ab.

Wir gehen die Treppen hinunter; wahrscheinlich zum Rechnerraum, den Weg kenne ich schon. Der Raum befindet sich im Untergeschoß. Jeder, der jetzt glaubt, da unten gibt's keine Fenster, ist falsch informiert. Der Rechner steht zwar in einem Zimmer, das keine Fenster hat, aber das Büro, in dem die zwei EDV-Verantwortlichen arbeiten, liegt auf der Rückseite des Gebäudes – und das Gebäude steht am Hang. Ein Traum: Von dem Raum aus kommt man direkt auf die Terrasse, und von dort hat man einen herrlichen Ausblick – die gesamte schwäbische Alb oder zumindest der Albaufstieg.

Leider geht Herr Schmidt an dem Raum vorbei, öffnet aber die nächste Tür. „Das ist ihr Büro. Ich habe das mit den beiden Herren nebenan abgestimmt. Hier haben Sie die nötige Ruhe." „Das ist ja wirklich toll! Da habe ich ja denselben Ausblick wie nebenan," freue ich mich. „Die früheren Eigentümer haben sehr viel Wert auf Repräsentation gelegt, aber das hat ihnen wahrscheinlich auch das Genick gebrochen." Herr Schmidt tritt ans Fenster. „Das Gebäude hat sehr viel Geld gekostet." „Aber dafür ist es auch genial," sage ich, „So etwas habe ich bei einem Fertigungsunternehmen noch nie gesehen." „Ja, das stimmt. Ich auch noch nicht." Herr Schmidt geht zur Tür. „Richten Sie sich ein, und falls Sie Fragen haben, wenden Sie sich an die beiden Herren nebenan, die kennen Sie ja schon. Also, bis morgen um 17:00 Uhr, und schauen Sie noch bei der Einzelfertigung vorbei." Er schließt die Tür, und ich höre ihn noch die Treppen hinaufgehen.

Der Arbeitsplatz ist prima eingerichtet, den obligatorischen Begrüßungsplausch mit meinen Zimmernachbarn habe ich hinter mir. Ich entfalte die Unterlagen und versuche, alles in eine Ordnung zu bringen.

Aber zuerst zieht es mich nach draußen. Es ist kaum zu glauben, aber mein Zimmer hat einen separaten Ausgang direkt zu einer Terrasse, die nur für die beiden Untergeschoß-Zimmer bestimmt ist. Ich trete ins Freie und strecke mich. Wirklich ein traumhafter Frühlingstag. Es riecht so gut nach den frischen Blüten der Obstbäume, die am Hang gegenüber ausschlagen. Wie letztes Jahr, als mir Vreni die Abfuhr erteilt hat. Aber es war weniger die Abfuhr, die mich betrübt hat, sondern die lapidare Art mit der sie mir den Korb gegeben hat. Das ist mir bisher noch nie passiert, das kratzt heute noch an meinem Selbstvertrauen.

Das Klopfen an der Tür, aus meinem Zimmer, ruft mich wieder in die Gegenwart zurück. Ich renne hinein und öffne. Da steht Kurt, einer meiner Zimmernachbarn, und ruft: „Los komm, wir gehen zum Essen." Ich schließe mich an. Die Kantine ist im obersten Stockwerk. Von hier aus ist der Ausblick noch besser. Überall Glas, man kann fast in alle Himmelsrichtungen schauen, ein richtiger Repräsentierbau ist das. Ich schnappe mir ein Tablett – au ja, es gibt 'Schnipo'. Schnitzel mit Pommes, das kann ich vertragen. Wir gehen auf die Dachterrasse und nehmen am letzten freien Tisch Platz. Nach uns kommen noch zwei, die ich aber noch nicht kenne. Sie setzen sich neben uns. „Na, wie war deine erste Besprechung", beginnt Kurt das Gespräch. „Ganz interessant. Was mir besonders gefällt, die Leute können anscheinend selbst bestimmen wie ihre Organisation beziehungsweise ihre Steuerung aussehen soll", sage ich. „Ja, das stimmt. Das haben wir alles Herrn Schmidt zu verdanken. Er bezieht die Mitarbeiter wirklich in die Entscheidungen mit ein", freut sich Kurt, „und was mich besonders beeindruckt, er kontrolliert die Vereinbarungen sehr genau." „Was gefällt dir so sehr an Kontrolle", frage ich, „das klingt so negativ." „Nein, nein, Herr Schmidt sagt immer: Kontrolle ist die Chance zu Loben! Er versucht die Leute dabei zu ertappen, wenn sie etwas gut gemacht haben oder den richtigen Weg einschlagen. Dann kommt er vorbei – und da scheint er wirklich den richtigen Riecher zu haben – und klopft ihnen auf die Schulter. Ich sag' dir, das tut gut. Da schafft es sich doppelt so leicht", sagt Kurt. Ich schneide an meinem Schnitzel. „Er kann aber auch gut kritisieren", wirft der Mann neben mir ein, „aber irgendwie motiviert das auch. Da hat er genauso den Dreh raus."

„Was arbeiten Sie hier im Betrieb?", lenke ich das Gespräch auf eine andere Bahn. „Ich bin für das Segment Einzelfertigung verantwortlich. Mein Name ist Klingenfels", antwortet mein Nachbar. „Das trifft sich aber gut. Ich wollte heute noch zu Ihnen kommen. Mein Name ist Grüner", sage ich. „Ich bin erst seit heute hier im Haus und soll ein Konzept zur Steuerung der Serienfertigung erstellen. Die Einzelfertigung soll zwar im Konzept nur am Rande betrachtet werden, aber Herr Schmidt war der Meinung, daß ich trotzdem die Steuerung in Ihrem Segment verstehen soll. Und dazu soll ich mir das ganze heute Mittag vor Ort anschauen." „Ja, da sind Sie bei mir richtig", meint Herr Klingenfels, „Wir können ja nach dem Essen gleich mal runter gehen. Dann kann ich Ihnen alles zeigen."

Kaum sind wir mit dem Essen fertig, schließe ich mich Herrn Klingenfels an. Wir gehen die Stockwerke wieder hinunter – das Schnitzel liegt schwer im Magen, jetzt würde mir ein Mittagsschläfchen gut tun. Zuerst führt er mich durch die Produktion. Das ganze Segment ist quasi in einzelne Werkstätten aufgeteilt. Richtig klassisch, da kann ich mir schon gut vorstellen, daß da das SST-System paßt. „So war früher das ganze Unternehmen organisiert", übertönt Herr Klingenfels den Lärm. „Bei uns paßt das auch vorzüglich. Wir fertigen nur Einzel- oder Musteraufträge. Kommen Sie, ich zeige Ihnen die Fertigungssteuerung." Wir steigen eine Stahlleiter hinauf, und oben sehe ich die Steuerzentrale. Ein Glaskäfig, in dem man die gesamte Produktion überblicken kann. Da sitzen drei Steuerungsleute, und das abgeschlossene Büro am Ende scheint Herr Klingenfels zu bewohnen. Er geht zielstrebig auf das Büro zu, öffnet die Tür und bietet mir den Platz gegenüber seines Schreibtisches an.

„Diese Art der Organisation ist Ihnen bestimmt bekannt", beginnt Herr Klingenfels. „Ja, so etwas Ähnliches habe ich schon öfters gesehen. Dafür ist auch das System ausgelegt", antworte ich. „Das merkt man", sagt Herr Klingenfels, „wir sind auch hochzufrieden. Ich will Ihnen kurz unsere Steuerung erklären. Also – bekommen wir einen Auftrag, so wird dieser von einem der drei Herren aus dem Nachbarzimmer eingeplant. Das heißt, es werden die Zukaufteile bestellt und der Disponent spricht die erforderlichen Kunstoffteile mit dem Segment Spritzguß ab. Hat er alle Termin- und Mengenbestätigungen, so wird der Endtermin dem Kunden bekanntgegeben. Ist dieser zufrieden, wird der Auftrag fixiert und die notwendigen Unterteile reserviert. Da muß es bei uns schon mit dem Teufel zugehen, wenn eine einmal gemachte Fixierung wieder aufgehoben wird. Damit meine ich, der Auftrag darf nicht mehr verändert werden. Nach der Fixierung werden die Auftragsdaten an einen der zentralen Materialverantwortlichen gegeben. Dieser legt ein separates Lagerfach für den Auftrag an." „Ist es das Lager, auf dem wir quasi sitzen?", frage ich. „Ja, das stimmt. Wir haben hier ein Zentrallager, in dem die gesamten Materialien gesammelt werden. Erst wenn alles da ist, wird die Produktion durch die Fertigungssteuerung angestoßen. Diese geben dann den freigegebenen Auftrag an die entsprechenden Arbeitsplätze. Ist der Auftrag komplett bearbeitet, so geht er direkt an den Versand und wird abgeschlossen. So einfach ist das." Die kapazitative Steuerungsphilosophie würde mich ja schon noch interessieren, aber grundsätzlich ist klar, daß dieses Segment einwandfrei über SST gesteuert werden kann. Also hebe ich mir meine Fragen auf, vielleicht ergibt sich später noch eine Möglichkeit.

Aufgrund der fortgeschrittenen Zeit verabschiede ich mich und gehe zurück in mein Büro. Dort liegen immer noch alle Aufschriebe ungeordnet auf dem Tisch. Deshalb mache ich mich über die Papiere her und versuche, Ordnung in das Chaos zu bringen.

3 Zusammenfassung der Organisation

*Wer eine Aufgabe hat, für den gibt es nur ein
wichtiges Wort: trotzdem.*

Robert Muthmann

Es ist jetzt sechzehn Uhr. In den letzten fünf Stunden habe ich an meiner Zusammenfassung gefeilt. Selbst das Mittagessen habe ich ausgelassen. Mein Magen knurrt – nur der eine Apfel, den ich heute Morgen eingepackt habe – aber
ich bin fertig. Zufrieden schaue ich auf mein Werk: Ein Bild mit der Gesamtor-
ganisation des Unternehmens, in dem die Pfeile den Materialfluß darstellen.
Nach dem Bild habe ich zu jedem Prozeßschritt eine kurze und prägnante Beschreibung aufgestellt. Die Schwächen, die mir während des Gespräches aufgefallen sind, habe ich bei den betroffenen Prozeßschritten notiert.

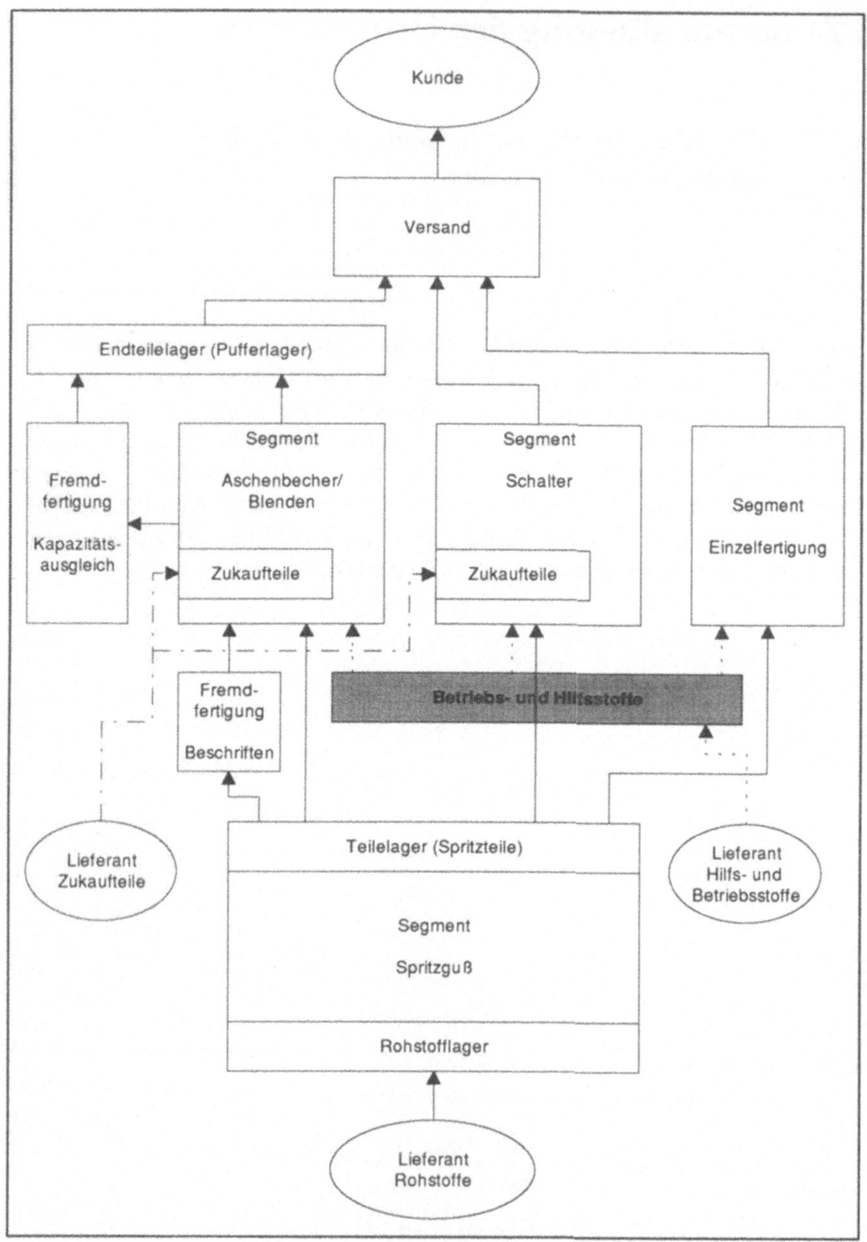

Die Organisation

Segment Spritzguß

Der Verantwortungsbereich umfaßt das Teilelager (Spritzteile), die Produktion und das Rohstofflager. Auf Anforderung der nachgelagerten Segmente werden Kunstoff-Spritzgußteile hergestellt.

Teilelager (Spritzteile):

Das Teilelager wird von einem Materialverantwortlichen verwaltet. Pro Serienteil steht eine Packeinheit zur Verfügung, für alle anderen Teile ist der Lagerbestand individuell geregelt. Die Anforderungen aus den nachgelagerten Segmenten werden vom Materialverantwortlichen ausgelagert und übergeben. Sobald eine Packeinheit leer ist übergibt er die KANBAN-Karte an den Disponenten.

Produktion:

Die Produktion besteht aus einzelnen Spritzgußmaschinen. Ein zentraler Disponent ist verantwortlich für die Maschinenbelegung. Er plant den Auftrag aus dem Teilelager (Spritzteile) auf eine freie Spritzgußmaschine ein und übergibt ihn an den entsprechenden Einsteller. Nach der Fertigstellung des Teiles wird die Packeinheit ans Teilelager übergeben. Die Bereitstellung der Rohstoffe erfolgt automatisch; dafür ist eine Bestückungsanlage installiert.

Rohstofflager:

Das Lager besteht im wesentlichen aus der automatischen Bestückungsanlage und kann daher über Mindestbestand gesteuert werden. Der Disponent kontrolliert in regelmäßigen Zeitabständen visuell die Füllhöhen und löst im Bedarfsfall manuell eine KANBAN-Bestellung aus.

Schwächen

Keine Schwächen bekannt.

Fremdfertigung Beschriften

Die Fremdfertigung Beschriften fällt für Aschenbecher und Blenden an. Da der Fremdfertiger genügend Kapazitäten vorhält und räumlich nahe liegt, kann er über KANBAN gesteuert werden. Er erhält vom Segment Aschenbecher/Blenden einen Kanban-Auftrag und startet die Produktion. Fehlen ihm Kunstoff-Spritzteile, die er immer in Lagerpackeinheiten abruft, so fordert er diese ebenfalls über einen KANBAN-Auftrag beim Materialverantwortlichen Teilelager (Spritzteile) an.

Betriebs- und Hilfsstoffe

In diesem Lager sind solche Teile gelagert, die von mehreren Segmenten gleichzeitig gebraucht werden (nicht nur die klassischen Betriebs- und Hilfsstoffe). Zwei Lageristen führen die komplette Ein- und Auslagerung, sowie die Disposition des Lagers durch. Die Auslagerung erfolgt auf Basis der Anforderungen aus den nachgelagerten Segmenten, dabei wird präzise die gewünschte Menge übergeben. Das Lagermaß jedes Teiles entspricht der Bestelleinheit. Das Lager wird über Mindestbestand gesteuert; ist dieser unterschritten, so wird eine Bestellung beim Lieferanten ausgelöst.

Segment Aschenbecher/Blenden

Der Verantwortungsbereich des Segmentes umfaßt die Produktion und das Lager Zukaufteile. Das Segment ist den häufigen Abrufschwankungen durch die Kunden ausgesetzt. Es wird heute vorwiegend über KANBAN gesteuert.

Produktion:

Die Produktion ist in Kundenlinien eingeteilt. Die Linienverantwortlichen erhalten den Anstoß zur Fertigung durch die Lagerentnahme aus dem Endteilelager. Die Linie wird auf den KANBAN-Auftrag eingerichtet. Jeder Linie ist ein Materialverantwortlicher zugeordnet, der auf Basis des KANBAN-Auftrages die Unterteile aus dem Lager Zukaufteile, Spritzteile und Betriebs- und Hilfsstoffe entnimmt. Kommt es zu Kapazitätsengpässen, so entscheidet der Linienverantwortliche, welche Aufträge in die Fremdfertigung vergeben werden. Für diese Aufträge bringt der Materialverantwortliche die Unterteile in eine spezielle Bereitstellzone. Den Auftrag übergibt er an den Disponenten, der den Auftrag an einen Fremdfertiger mit freier Kapazität vergibt.

Lager Zukaufteile:

Das Zukaufteilelager wird, ebenso wie das Teilelager (Spritzteile), durch einen Lageristen verwaltet. Sobald ein Behälter leer ist, übergibt der Lagerist die interne Behälterbegleitkarte an den Disponenten. Der Disponent bestellt die Ware.

Schwächen

Reaktionszeiten der Lieferanten und Fremdfertiger sind zu lang, da sie keine frühzeitigen Informationen über den zukünftigen Teilebedarf haben (Sie können ihre Kapazitäten nicht planen). Dadurch entstehen hohe Lagerbestände. Abbau des Endteilelagers nicht möglich, da die Bedarfsschwankungen nicht im Griff sind.

Segment Schalter

Der Verantwortungsbereich umfaßt die Produktion und das Lager Zukaufteile. Dieser Bereich ist ebenfalls den starken Abrufschwankungen durch die Kunden ausgesetzt. Hier erfolgt die Steuerung nach dem klassischen MRP-Prinzip.

Produktion:

Das Segment ist ebenfalls in Kundenlinien eingeteilt. Die zentrale Fertigungssteuerung löst auf Basis des Primärbedarfes Fertigungsaufträge aus und übergibt diese an die einzelne Linie. Über die Materialentnahmescheine, die mit jedem Auftrag gedruckt werden, holt der Materialverantwortliche der jeweiligen Kundenlinie die Unterteile aus den Lagern Zukaufteile, Teilelager (Spritzteile) und Betriebs- / Hilfsstoffe. Kurzfristige Bedarfsänderungen durch den Kunden werden, aufgrund des hohen Änderungsaufwandes im PPS-System, von der Disposition manuell eingesteuert. Die Fertigteile werden direkt an den Versand übergeben.

Lager Zukaufteile:

Das Zukaufteilelager wird durch einen Lageristen verwaltet. Jedoch wird die Befüllung durch die zentrale Fertigungsteuerung über Stücklistenauflösung ausgelöst.

Schwächen

Personalbestand in der zentralen Fertigungssteuerung ist hoch. Durch die langwierige Planung werden die kurzfristigen Änderungen manuell eingesteuert. Dadurch entstehen im System laufend inkonsistente Lagerbestände, die Auftragspapiere sind teilweise veraltet. Die Disponenten merken erst im Versand, wenn etwas falsch gelaufen ist und sind dann mehr mit der Materialsuche beschäftigt als mit der Steuerung ('Terminjäger').

Segment Einzelfertigung

Dieses Segment befaßt sich ausschließlich mit Einzelaufträgen und Musterteilen. Das Segment ist in einzelne Arbeitsplätze aufgeteilt, die, je nach Auftrag, in unterschiedlicher Reihenfolge die Anforderung abarbeiten. Die Aufträge werden ebenfalls über eine zentrale Fertigungssteuerung im Segment geplant. Nach Abschluß eines Auftrages mit einem Kunden wird dieser eingeplant, das heißt, es werden die Zukaufteile bestellt, mit dem Segment Spritzguß die Kunstoffteile abgestimmt und die Kapazitäten zur Fertigung bereitgestellt. Nach Termin- und Mengenbestätigung gegenüber dem Kunden, wird der Auftrag fixiert und die notwendigen Unterteile reserviert. Ab diesem Zeitpunkt darf der Auftrag nicht mehr verändert werden. Die zentralen Materialverantwortlichen legen pro Auftrag für die Unterteile ein Lagerfach an, wo sie nach Materialeingang diese Teile ablegen. Den Anstoß zur Produktion gibt die Fertigungssteuerung. Sind die Endprodukte fertig, so werden sie direkt an den Versand übergeben. Die Steuerung ist somit ähnlich der Steuerung im Segment Schalter – nur mit dem entscheidenden Unterschied, daß nach der Fixierung des Auftrags, dieser genau nach Definition abgewickelt wird.

Endteilelager (Pufferlager)

Das Lager wird zum Ausgleich der Bedarfschwankungen im Segment Aschenbecher/Blenden verwendet, um so den KANBAN-Prozeß optimal zu steuern. Im Lager werden die Teile in Kundenpackeinheiten gelagert. Entnimmt der Versand eine Einheit, so übergibt er die KANBAN-Karte an die verantwortliche Kundenlinie. Über diesen Anstoß erkennt die Linie, daß sie unmittelbar das Teil produzieren und abliefern muß.

4 Das Gespräch

*Lernen kann man auch von anderen, zum Beispiel
von Chinesen.
Denn es heißt, sie hätten ein und dasselbe Schrift-
zeichen für die Krise und die Chance.*

Richard von Weizsäcker

Ich habe noch Zeit. Es ist viertel vor fünf und der Termin bei Herrn Schmidt findet erst um fünf Uhr statt. Ich schlendere ziellos durch die Gänge. Eigentlich ist
es schon verwunderlich wie es hier aussieht. Überall Pflanzen, viel Glas und –
es sind viele Bilder an der Wand. Da hinten ist ein Monet, dort ein Cézanne,
aber das hier bei der Lichtkuppel zieht mich magisch an. 'Von der Sonne be-
schienene Landschaft': Ein Bild von Renoir, hell und freundlich; im Hintergrund
ein durch weiße Wolken verdunsteter Himmel. Links und rechts säumen zwei
Baumgruppen den in der Mitte angedeuteten Weg. Bezaubernd ist das zarte
Blattwerk, das sich gegen den Himmel abhebt – und dazu die Sonne, die, durch
die Lichtkuppel, das Bild beleuchtet.

Ich gehe auf das Bild zu und bin völlig verwundert: Was in der Ferne noch leicht
und harmonisch aussah, erscheint jetzt wie einzelne Farbtupfen wahllos durch-
einandergemischt. Unglaublich und doch interessant, im Detail eine gewisse Un-
schärfe und in der Gesamtheit klar und schlüssig. Ich verharre vor dem Bild,
einfach genial – wenn wir durch dezentrale Eingaben ein System schaffen
könnten, das ein Gesamtbild quasi automatisch erstellt, ich glaube, dann hätten
wir die Lösung: Schneller Informationsfluß auf allen Fertigungsstufen und das
mit möglichst wenig Eingaben.

Es ist jetzt Zeit. Unter dem Arm halte ich die Unterlagen, die ich auf Basis der
gestrigen Besprechung ausgearbeitet habe. Ich begebe mich in den zweiten
Stock. Am Ende des Korridors liegt das Zimmer von Herrn Schmidt, genau neben dem Lichthof, in dem ich gerade noch gestanden bin. Die Türe ist geschlos-
sen, so bleibt mir nochmals die Möglichkeit, auf das Bild zu schauen. Durch die
metallene Empore mit ihren kleinen Öffnungen sieht man es jedoch kaum. Also
klopfe ich an. „Bitte kommen Sie herein." Ich öffne die Türe. Ein wirklich schönes Büro; auf der einen Seite steht der Schreibtisch mit dem obligatorischen

Rollenstuhl und auf der anderen Seite, anstatt des gewohnten Besprechungstisches, ein bequemes schwarzes Ledersofa mit weißem Marmortisch. Dazu zwei passende Ledersessel. „Bitte nehmen Sie Platz. Was darf ich Ihnen zum Trinken anbieten?" Herr Schmidt wartet auf meine Antwort. „Bitte nur ein Wasser," erwidere ich und nehme auf dem Sofa Platz. Herr Schmidt greift eine Flasche Mineralwasser und zwei Gläser aus dem Schrank hinter sich und kommt nun ebenfalls zu der Sitzecke. „Waren Sie erfolgreich bei Ihrer Zusammenfassung?" „Ja und Nein. Ich bin mir nicht ganz schlüssig, ob ich alles auf den Punkt gebracht habe.", antworte ich.

Er nimmt sich die Beschreibung und liest sie im Stehen. Ich trinke aus meinem Glas und bemerke sein Kopfnicken. Die Beschreibung scheint ihm zu gefallen. „Ihr Ablaufbild ist wirklich vorzüglich", bemerkt er, „Da haben Sie den Nagel auf den Kopf getroffen. Der Aufbau und die kurzen und präzisen Beschreibungen der einzelnen Fertigungssegmente gefallen mir sehr gut. Ich glaube, sie haben die Problemstellung erfaßt." Er legt die Beschreibung auf den Tisch.

„Zuerst muß ich Ihnen etwas erklären." Er setzt sich in den Ledersessel zu meiner Rechten. „Wissen Sie, warum wir Sie eingestellt haben?" Den Grund kann ich nur vermuten: „Bestimmt weil Sie meine Arbeit vom letzten Jahr kennen und Sie damit zufrieden waren." „Ja, das ist die eine Seite." Herr Schmidt lehnt sich zurück. „Ich kenne Ihren Vater und schätze ihn sehr!" Das wirft mich völlig aus der Bahn. Mein Vater – seit bestimmt zehn Jahren habe ich ihn nicht mehr gesehen. Ja, früher hat er sich viel Zeit für uns genommen, für meine Schwester und für mich. Er ist mit uns und dem roten VW-Käfer – den vergess' ich nie – oft zum Wandern auf die Alb gefahren. Da hatten wir viel Spaß zusammen. Doch das ist jetzt vorbei. Irgendwann hat ihn dann die Managerkrankheit, oder manche sagen auch Midlife-Krise, befallen; und weg war er. Den einzigen Kontakt, den ich seitdem mit ihm habe sind die Postkarten, die er mir pünktlich zu jedem Geburtstag schreibt.

„Ich bin einige Jahre sein Assistent gewesen und habe dabei viel von dem gelernt, was ich heute anwende," fährt Herr Schmidt fort. „Daß er heute keinen Kontakt mehr zu Ihnen hat, das weiß ich." „Das mit dem Kontakt stimmt; ich weiß nicht einmal was er arbeitet und wo er genau wohnt.", sage ich. Herr Schmidt zieht einen Zettel aus der Tasche und schiebt ihn mir zu. „Falls Sie ihn einmal brauchen", schmunzelt er. Auf dem Papier steht eine Adresse mit Telefonnummer. „Ich sage Ihnen auch, warum ich von Ihrem Vater anfange: Er hat vor circa fünfzehn Jahren die Firma, in der wir gemeinsam gearbeitet haben, komplett umgekrempelt. Und ein Grund für den phänomenalen Erfolg war die einfache Abbildung der Unternehmensprozesse in unserem damaligen PPS-

System. Damals konnten wir auf keine preiswerten Supercomputer zugreifen, die mit schier unendlicher Geschwindigkeit alle Rechenaufgaben und Datenmanipulationen ausführten. Nein, wir mußten uns ein ganz einfaches System überlegen, mit dem wir ein brauchbares Ergebnis erzielen konnten und das mit möglichst wenig Rechenschritten. Da hatte Ihr Vater die Idee mit der Fortschrittszahl. Vielleicht ist das ja auch etwas für unsere Probleme?" Ich stecke den Zettel ein, wer weiß, vielleicht kann ich ihn ja gebrauchen.

„Was soll das heißen? Fortschrittszahlen werden doch nur zur Kommunikation zwischen Kunde und Lieferant eingesetzt, sonst doch nicht!", frage ich. „Ja, da haben Sie recht. Aber bei dezentralen Organisationsformen verhalten sich doch die einzelnen Gruppen ebenfalls wie Kunden und Lieferanten.", bemerkt Herr Schmidt. Bei dieser Antwort sehe ich plötzlich ein Licht am Ende des Tunnels. Ich denke über das Fortschrittszahlendiagramm aus der Abrufbearbeitung nach.

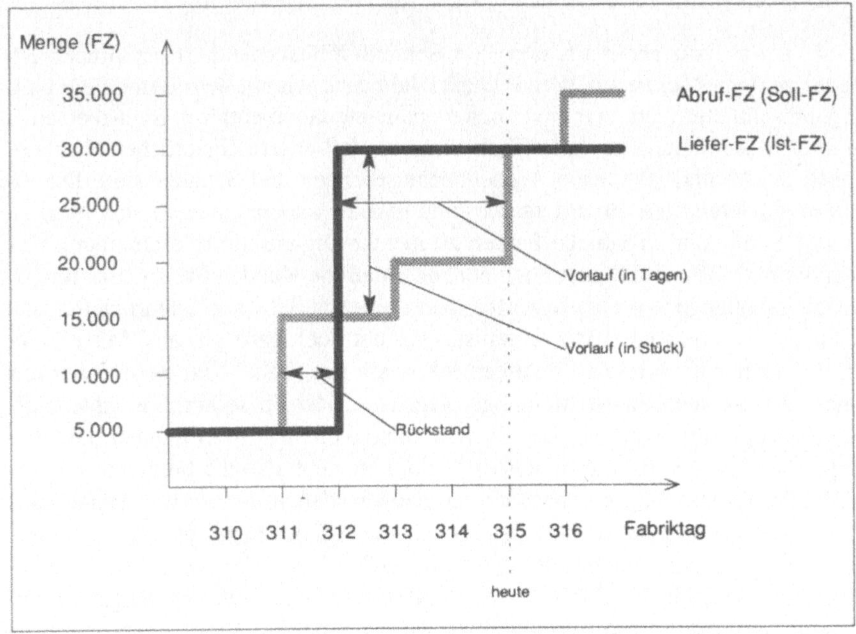

Fortschrittszahlen in der Abrufbearbeitung

Die Auftragsfortschrittszahl beinhaltet hier pro Termin-/Mengenpaar die Summe der Auftragsmengen, die ab einem definierten Jahresanfang aufgelaufen ist. Selbiges gilt für die Lieferungen. Die einfache Subtraktion der Lieferfortschrittszahl (Ist-FZ) von der Auftragsfortschrittszahl (Soll-FZ) ergibt sofort die noch offene Menge. Somit ist keine Nettorechnung notwendig, um die ausstehenden, das heißt noch zu liefernden Mengen zu ermitteln. Ja, das könnte gehen. Nehme ich an, die Liefer-FZ entspricht den Ablieferungen aus den Fertigungsgruppen pro Teil, so kann die Auftrags-FZ die Produktionsbedarfe darstellen. Doch wie bekomme ich die Bedarfsänderungen in das Schema? Oh je, da fällt mir spontan gar nichts ein. Es scheint, daß es sich bei dem Licht am Ende des Tunnels um einen einfahrenden Zug gehandelt hat.

„Gott hat die Welt auch nicht an einem Tag geschaffen." Herr Schmidt hat bemerkt, daß ich über die Lösung nachdenke. „Sie müssen da dran bleiben, denn es könnte unsere Chance sein", sagt er. „Im ersten Moment hört es sich ja ganz toll an, aber im Detail liegt der Hund begraben. Vielleicht können Sie mich ja unterstützen.", erwidere ich. „Da muß ich leider passen. Ich habe mit dem System damals nichts zu tun gehabt.", antwortet Herr Schmidt.

„Noch etwas ganz anderes", sagt Herr Schmidt hilfesuchend, „Herr Grüner, ich stehe mit dem Rücken zur Wand. Dieses Jahr muß ich mit dem Betrieb ein Nullergebnis abliefern, und wir sind noch meilenweit davon entfernt. Sie haben es ja in Ihrer Beschreibung so vortrefflich bemerkt, daß unsere eigentlichen Problemkreise die Montagesegmente Aschenbecher/Blenden und Schalter sind. Die einen produzieren ohne Ende Lagerbestand und die anderen steuern sich noch zu Tode." Somit sind eventuelle Fragen zu meiner Organisationsbeschreibung klar beantwortet. „Wenn ich jetzt noch bedenke, daß die Kunden Preisreduzierungen anstatt Erhöhungen von uns erwarten, dann sehe ich Schwarz.", fährt er fort. Ich schlucke fest und sage: „Die Organisation sieht doch ganz gut aus. Mir scheint es, daß es nur noch an den richtigen Informationen fehlt." „Ja, da sind wir uns einig. Das ist auch meine Meinung", sagt er. „Deshalb sollten Sie schleunigst das Konzept zum Redesign des Systems hinbekommen. Was meinen Sie: Wie lange brauchen Sie für die Erstellung?" So, nun steht also die befürchtete Frage im Raum. Es ist völlig unrealistisch zu glauben, daß man so etwas einfach aus dem Ärmel zaubern kann. Also frage ich: „Wie soll das Konzept denn aussehen, und welche Detaillierungsstufe soll es haben?" „Ich stelle mir eine Ablaufbeschreibung vor, die aus Sicht des Anwenders beschreibt, welche Eingaben notwendig sind und welche Informationen daraus entstehen.", antwortet er. „Also die Verarbeitung ist uninteressant?", möchte ich wissen. „In der ersten Phase schon. Denn wir müssen erst einmal beschreiben, was wir haben wollen. Die Definition des internen Ablaufs ist erst die zweite Aufgabe. Ist das auch Ihre

Meinung?", sagt er. Da stimme ich mit ihm überein. Um die Antwort, wie lange ich dazu brauche, komme ich deshalb aber trotzdem nicht herum.

Herr Schmidt merkt, daß ich im Grübeln bin und meint: „Wenn Sie es mir nicht gleich sagen können, wann das Konzept fertig ist, dann sagen Sie mir, wie lange Sie dazu benötigen, um mir die Antwort zu geben?" Er lächelt mich an. Um die Antwort kann ich mich nicht drücken, also muß ich jetzt 'rein in die Verantwortung. Ich überlege noch mal kurz und sage kurz entschlossen: „Es bringt alles nichts, noch lange nachzudenken. Das Konzept ist in vier Wochen fertig." „Toll, das freut mich, wenn Sie so schnell zu einem Entschluß gekommen sind. Das paßt hervorragend zu meinem Terminplan. Sollen wir uns jede Woche einmal zur Abstimmung treffen?", fragt er freundlich. „Ja, das ist eine gute Idee.", stimme ich zu.

„Ich schlage vor, dann beenden wir die Besprechung für heute und treffen uns nächste Woche um die gleiche Zeit." Wir stehen auf. Herr Schmidt gibt mir die Hand und begleitet mich zur Tür. „Überlegen Sie sich, welche Teilziele Sie bis nächste Woche erledigt haben wollen und schreiben Sie mir das auf. Dann kann ich mich auf die nächste Besprechung vorbereiten.", schließt er ab.

Ich gehe den Gang entlang und stelle fest, daß wir schon noch ein paar innovative Ideen brauchen, um die Probleme zu lösen. Es ist schon spät geworden: Zeit zum nach Hause gehen. Also hole ich meine Sachen und verlasse das Haus.

5 Die Anforderungen

*Es ist nicht schlimm, wenn man manchmal falsch
liegt – besonders, wenn man es sofort feststellt.*

John Maynard Keynes

Zwei Tage sind quasi tatenlos verstrichen. Nicht, daß ich etwa auf der faulen Haut gelegen wäre. Aber ich mußte mich erst mit den Gegebenheiten hier im Haus vertraut machen, und dazu gehört die Tatsache: Keiner hat Zeit!

Letzten Endes ist es mir dennoch gelungen die Leute zusammenzutrommeln. Es ist zwar schon siebzehn Uhr, aber ich bin froh. Herr Grieshaber, Vreni, Herr Müller, Roger, Herr Bronner, Herr Kunz und ich sitzen erneut im Besprechungsraum 108. Thema sind die Anforderungen an ein Planungs- und Steuerungssystem, das die Organisation im Haus und das Ziel Kostenminimierung unterstützt.

Die Teilnehmer machen einen ausgelaugten Eindruck. Wahrscheinlich hat sie das Tagesgeschäft aufgezehrt. In einem solchen Fall ist geschickte Sitzungsführung gefragt. Doch genau hier bin ich schwach – oder besser, mir fehlt die Erfahrung. Schon der Beginn scheitert, denn urplötzlich startet ein heftiges Wortgefecht. Die Streithähne Grieshaber und Müller, hinlänglich bekannt aus der letzten Sitzung, haben sich in den Haaren. Das Thema ist auch nicht neu: Welche Steuerungsphilosophie ist besser, KANBAN oder MRP? Ich versuche, die Streitenden zu übertönen: „Unser Ziel ist, heute die Anforderungen..." Zu mehr komme ich nicht, denn die Zwei lassen nicht locker. Bronner grinst mich über den Tisch an: „Lassen Sie nur gut sein. Die beruhigen sich gleich wieder." „Ja, aber das bringt doch nichts. Wir sollten uns doch besser überlegen, wie wir das hier insgesamt verbessern", meine ich.

Roger durchfährt ein Gedankenblitz, den er sogleich in der Runde verkündet: „Mit leerem Magen fällt mir heute Abend gar nichts mehr ein. Ich habe eine Idee: Laßt uns zum 'Löwen' gehen. Dort ist die richtige Atmosphäre, um die Dinge zu besprechen." Dieser orkanartige Überfall läßt alle Diskussionen am Tisch abrupt enden. Mir gefällt die Idee nicht. 'Bis nächste Woche', so hatte ich Herrn Schmidt schriftlich mitgeteilt, sind die Anforderungen an das System festgezurrt. Und dieses Ziel sehe ich jetzt schon im Alkohol ertrinken. Ich willige aber doch ein, nachdem die anderen wie besessen von dem Vorschlag sind. „Das ist eine prima Idee. Das haben wir schon lange nicht mehr gemacht", sagt Kunz, „Da kann ich ja einen Rostbraten essen." Klingt eher wie Ausflug, als nach Arbeit. „Ich muß aber zuerst meine Frau anrufen", meint Bronner, „Nicht, daß sie mit dem Essen auf mich wartet! Ich schlage vor, wir treffen uns in fünfzehn Minuten auf dem Parkplatz." „Das ist gut, dann kann ich meinen Schreibtisch noch aufräumen", äußert Vreni und steht auf.

Grieshaber und Müller schließen Frieden: Grieshaber entschuldigt sich bei Müller, und Müller tut dasselbe bei Grieshaber. Wahrscheinlich waren sie auch hungrig. Und Hunger macht ja sprichwörtlich aggressiv. Mal sehen, vielleicht hilft ja der Ortswechsel. Ich beuge mich den Tatsachen, stehe auf und packe meine sieben Sachen. Nach zehn Minuten stehe ich draußen auf dem Firmenparkplatz. Nacheinander treffen die anderen ein. Roger informiert den Rest über die Fahrtroute. Er hat uns im 'Löwen' bereits angemeldet. Nicht, daß am Ende unser Ausflug an Platzmangel scheitert! Ich verzichte auf mein Auto und fahre bei Vreni mit.

So habe ich es mir vorgestellt. Eine typisch schwäbische Landgaststätte. Bis in halber Höhe sind die Wände in Ebenholz gefaßt. Darüber eine weiß getünchte Wand, an der sich die Landschaftsbilder aneinanderreihen. Nicht gerade mein Fall, aber konsequent – überall ist das bäuerliche Leben abgebildet. Den Abschluß nach oben bestimmt eine eicherne Kassettendecke, die heute sicherlich ein Vermögen kosten würde. Also insgesamt eine urgemütliche Wirtschaft, in der man sich in ganz andere Lebensgewohnheiten zurückversetzt fühlt. Nachdem ich erfahre, daß Roger von hier aus zu Fuß nach Hause geht, wird mir klar: Hier handelt es sich um seine Stammkneipe. Der Wirt führt uns zu seinem größten Tisch. Wir setzen uns, und sofort ertönt die obligatorische Frage: „Was darf ich ihnen zum Trinken bringen?" Roger ordert Weizenbier. Die anderen halten sich auch nicht zurück und bestellen ebenfalls Alkoholisches – außer Vreni und mir. Sie bestellt Apfelsaftschorle, eine Mischung aus Apfelsaft und Mineralwasser, und ich verlange nach Cola. Der Wirt entfernt sich. „Bring' uns bitte die Karte", ruft Roger hinterher.

„Ich brauche heute unbedingt die Anforderungen an unser System, sonst komme ich mit dem Konzept nicht weiter", lenke ich das Gespräch auf meine Ziele. „Wie wollen wir beginnen?" fragt Grieshaber. Ich krame in meiner Jackentasche und ziehe einen Zettel hervor. „Zuerst die Rahmenbedingungen festlegen, und dann sollte jeder sagen, welche Informationen er braucht. So kommen wir am schnellsten zum Ziel", schlage ich vor. Müller weiß Bescheid: „Wir müssen die geforderten Produkte zum richtigen Zeitpunkt und in der korrekten Menge liefern. Das ist unsere Rahmenbedingung." „Da fehlt aber noch was: Die Qualität muß stimmen!" ergänzt Vreni. Ich schreibe mit. „Aber wir haben doch auch interne Rahmenbedingungen", meint Bronner, „ansonsten würden wir doch nicht hier sitzen. Wir wollen mit unserem Tun Geld verdienen, und das funktioniert nur, wenn unsere Kosten niedriger als der Umsatz sind. Ja, das heißt,..." Der Wirt kommt wieder anmarschiert. Bewaffnet mit einem Tablett, Getränken und einem Stapel Speisekarten, erscheint er an unserem Tisch.

Die Konzentration ist beim Teufel. Nach dem obligatorischen Prosit machen wir uns über die Speisekarte her. Lauter schwäbische Leckereien, ich entscheide mich für Maultaschen. Der Wirt ist gleich bei uns stehen geblieben und hält einen Plausch mit Roger. So kann er die Speisen unmittelbar aufnehmen. Kunz nimmt den angekündigten Rostbraten. Der Reihe nach bestellen auch die anderen. Abartig erscheint mir nur die Wahl von Roger: Saure Kutteln, das soll so ein Zeug aus Rinder Darm sein. Ich mag mir gar nicht vorstellen, wie das schmeckt. Da freue ich mich doch über meine Maultaschen mit Kartoffelsalat.

Als sich der Wirt wieder hinter den Tresen begibt, wende ich mich an Bronner: „Sie wollten vorher noch was über die internen Rahmenbedingungen sagen!" „Ja, ich wollte sagen, daß wir bei unserer momentanen Ausbringung die internen Kosten senken müssen. Und da bleiben uns genau zwei Möglichkeiten. Erstens Lagerbestände abbauen und zweitens Personalkosten reduzieren." Die Kollegen stimmen zu. „Was heißt das nun für das Anwendungssystem?" sage ich. „So darfst du die Frage nicht stellen", ist Roger der Ansicht, „Wir müssen uns zuerst überlegen, welche Art der Steuerung geeignet ist, um die Rahmenbedingungen zu erfüllen." Mit einem kräftigen Zug leert er das Weizenbier und signalisiert dem Wirt, daß er Nachschub braucht. Bevor wieder eine unmotivierte Diskussion zwischen Müller und Grieshaber beginnt, ergreift Vreni das Wort: „Wir sollten auf keinen Fall gegenseitig aufeinander herumhacken, sondern eine gemeinsame Lösung suchen." Ich glaube, das war der Schlüssel zum Erfolg. Denn spontan argumentiert Müller: „Frau Koch hat Recht. Wir merken ja auch, daß nicht alles Gold ist, was glänzt!" Er nickt Roger zu. Doch der bemerkt es nicht, da er mit seinem zweiten Bier beschäftigt ist. „So begeistert ich von KANBAN bin, Bedarfsschwankungen können damit äußerst schlecht befriedigt werden. Was mir gefällt, ist die dezentrale Verantwortung, die diese Philosophie beinhaltet. Keine zentrale Steuerung, sondern die Kundenlinien steuern sich selbst. Aber wenn wir von den Lagerbeständen runter wollen, dann brauchen wir ein Planungsinstrument. Ansonsten können wir die vorhandene Kapazität nicht optimal nutzen. Und wenn wir die vorhandene Kapazität nicht nutzen, dann leidet die Liefertreue darunter. Nicht auszudenken, was das für eine Katastrophe geben würde. Aber eines ist sicher, mit dem heutigen System bringen wir keinen Fuß auf den Boden. Wir brauchen eine Anwendung, in der die Planung einfach durchgeführt werden kann, und die Informationen schnell durch das gesamte Unternehmen fließen. Damit meine ich, das System sollte eine immer aktuelle Zahlenbasis besitzen. Im SST-System ist doch jede Planung in dem Moment veraltet, in dem sie erstellt wurde." „Das kann man so sagen", fügt Vreni an, „Das ganze System ist einfach zu starr, um damit flexibel arbeiten zu können. Bis eine Zubuchung mit dem Bedarf verarbeitet ist, das dauert Jahre. Und Bedarfserhöhungen beziehungsweise -erniedrigungen bis ans Band zu steuern, das ist fast unmöglich." Langsam scheint sich auch Grieshaber aus seiner Abwehrhaltung zu lösen. Er ist in der Zwischenzeit auch schon beim zweiten Bier, und das auf leeren Magen.

Apropos leerer Magen, eine Kellnerin schwirrt um unseren Tisch und verteilt Besteck. Jetzt kann es ja nicht mehr lange dauern. Ich möchte gerade einen Satz beginnen, da sehe ich: Die Türe zur Küche bewegt sich. Freudig erscheint der Wirt mit zwei Tellern, einer links und einer rechts. Er kommt ohne Umweg auf unseren Tisch zu – und, wie soll es anders sein, stellt als erstes Roger den Teller hin. Ich habe auch Glück, denn der Zweite ist für mich. Sieht köstlich aus. Flugs verschwindet er mit der Kellnerin wieder in der Küchentür, um sie im nächsten Moment wieder zu öffnen. Jetzt haben die beiden unsere restlichen Essen. Als alles verteilt ist, spricht er uns an: „Guten Appetit, und lassen sie es sich schmecken!" Wir bedanken uns. Er schaut triumphierend in die Runde, als wollte er sagen: Na, habe ich das nicht toll gemacht? Doch keiner lobt ihn, denn der Hunger treibt uns an. Mein Gericht schmeckt lecker. Ich frage Vreni, wie ihres mundet. Sie ist auch zufrieden. Wir plauschen ein bißchen über Hobbys und stellen fest, daß die Arbeit auch dazugehört.

Nach einer ziemlich langen Pause setzt Grieshaber an: „Wenn ich das genau betrachte, liegen wir beiden gar nicht so weit auseinander, Herr Müller. Wir haben zwar eine Planung, die bildet aber nicht mal das Notwendige ab. Daraus folgt, unser Personalbestand in der Disposition ist zu hoch. Also ist unsere Aufgabe, ein einfaches, flexibles Planungs- und Steuerungswerkzeug zu konzipieren, das darüber hinaus jederzeit aktuelle Daten liefert." Das ist ja wie im Film: Die reinste Verbrüderung zweier Bösewichts am Grab des gemeinsamen Vaters. Das könnte heute noch richtig vielversprechend verlaufen, wenn sich die Potentiale der Herren Grieshaber und Müller ergänzen, anstatt sich zu neutralisieren. Kunz lenkt etwas vom Thema ab und erzählt über die neueste Generation von Spritzgußmaschinen, die noch schneller umgerüstet werden können. Irgendwann, mitten im Vortrag, hat Bronner die Inspiration: „Bis zu unserem Segment könnten wir doch hundertprozentig bedarfsorientiert produzieren und bei uns erst den Schnitt zu KANBAN machen. Wir können außerordentlich schnell reagieren, unser Lagerbestand ist relativ gering, und außerdem sind die Teile, die wir auswerfen, verhältnismäßig kostengünstig. KANBAN ist zweifellos die Steuerungsform, die bei uns am wenigsten Aufwand verursacht." Das ist ein Wort. Flugs mache ich mir eine Skizze. Bedarfsorientiert, ich glaube, das ist der Schlüsselbegriff, der uns weiter bringt. Ich überlege laut: „Welche Anforderungen haben wir an ein Informationssystem, mit dem man die Segmente Aschenbecher/Blenden und Schalter bedarfsorientiert steuern kann?" Ich schlucke den letzten Bissen hinunter. Zum Nachspülen sollte ich auch auf Bier umsteigen, also winke ich der Kellnerin. „Mir auch noch eines!" ruft Roger, „Das löst die Anspannung." Hoffentlich kann er dann noch einen klaren Gedanken fassen. Vreni hat nachgedacht und formuliert die ersten Anforderungen: „Ich beginne mit der Planung. Nehmen wir an, die Linien sind einmal beplant und vom Kunden kommen neue Bedarfszahlen. Dann interessieren mich die Bedarfsabweichungen pro Teil und Kundenlinie." Ich frage nach: „Läuft ein Teil genau auf einer Kundenlinie oder läuft ein Teil auf mehreren Linien?" „Also, man kann jedes Teil genau einer Kundenlinie zuordnen. Das ist aber nicht der Punkt. Denn ich möchte über die Bedarfsabweichungen selektieren können. Ich stelle mir dabei vor, daß ich die Abweichungen prozentual und absolut auswerten kann. Darüber hinaus interessiert mich, wie lange die Bedarfsabweichung auftritt." Diese Aussage scheint den Horizont von Grieshaber zu überschreiten. Er reibt sich die Nasenwurzel und erkundigt sich vorsichtig: „Wie muß man das verstehen: Wie lange die Bedarfsabweichung auftritt?" „Ganz einfach! Tritt eine Differenz nur über einen Tag auf, dann ist es unkritisch. Tritt sie aber über zehn Tage auf, dann muß schleunigst etwas unternommen werden", argumentiert Vreni. „Wo liegt da der Unterschied?" erscheint es mir unklar, „Einen Tag später geliefert ist doch auch zu spät." „Aber nicht, wenn ich einen Dispositionsspielraum eingebaut habe!" Das ist zutreffend. „Bitte sag noch etwas zu prozentualer und absoluter Auswertung", möchte ich wissen. „Kurz und gut, unter prozentual verstehe ich den Vergleich zwischen den alten Bedarfsmengen und den neuen. Dabei sind die alten Mengen immer die Basis der Gegenüberstellung. Und unter absolut soll immer die tatsächliche Mengenabweichung in Mengeneinheiten dargestellt werden." Eifrig notiere ich das Gesagte. Vreni macht den Mund zu, und prompt trumpft Roger auf: „Was jetzt natürlich noch ganz wichtig wäre: Bei der prozentualen Auswertung sollte noch eine Gewichtung über die Zeitachse stattfinden. Denn die kurzfristigen Abweichungen sind interessanter als die langfristigen. Das heißt, tritt eine zehn prozentige Abweichung für morgen auf, so ist das von größerer Bedeutung, als dieselbe Abweichung in drei Wochen. Bis dahin ändern sich die Bedarfe noch hundert Mal." Ein interessanter Aspekt; hätte ich ihm gar nicht zugetraut, und das nach drei Bier.

„Ihr dürft aber eure Kapazitäten nicht vergessen!" signalisiert Kunz, „Denn ihr müßt frühzeitig wissen, wann ein Teil in die Fremdfertigung gegeben werden soll." „Da stimme ich ihnen zu, aber soweit sind wir noch nicht", wirft Müller dazwischen, „Mir fehlt bisher völlig der dezentrale Ansatz. Die Disposition soll keine Einplanungen vornehmen, sondern eine Art Frühwarnsystem bilden. Irgendwie muß es doch möglich sein, die Kundenlinie selbst planen zu lassen." „Ich weiß nicht, ob das immer von Vorteil ist", erwähnt Bronner, „Das System muß, meiner Meinung nach, beides abbilden, zentrale genauso gut wie dezentrale Planung."

„Laßt uns weitermachen!" sagt Vreni, „Mir ist bei Planung noch etwas eingefallen. Ich muß auch wissen, welchen Produktionsstand wir bei den einzelnen Teilen haben. Das heißt, Schwierigkeiten können nicht nur durch die Bedarfsveränderungen ausgelöst werden, sondern auch in der Fertigung selbst. Denn die beste Planung ist zum Scheitern verurteilt, wenn die Teile aus der Produktion nicht herauskommen. Ich muß jederzeit sehen, wie die Planung abgearbeitet wird, und das pro Kundenlinie." „Das hat doch nichts mit Planung zu tun?" frage ich, „Das ist doch Steuerung!" Roger unterstützt mich. „Ja, aber diese Informationen haben doch Auswirkung auf die Planung. Entsteht bei einem Teil zusätzlicher Bedarf, so muß ich doch wissen, ob wir mit dem Produkt im Plan sind. Ist das nicht der Fall, so leuchtet bei mir sofort Alarmstufe Rot auf." Auch wieder richtig. Ich protokolliere. „Sie sprechen bei allen Anforderungen immer vom Teil", bringt nun Grieshaber an, „Was ist denn mit den Fertigungsaufträgen." „Das ist doch der größte Quatsch, den es gibt!" fährt Roger dazwischen, „Wir haben es hier doch mit Fließfertigung zu tun. Da muß man den gesamten Verlauf über die Periode betrachten. Die Fertigungsaufträge bringen einen da an den Rand der Verzweiflung." „So kraß kannst du das aber nicht sehen", meint Vreni. „Doch! Bei der Planung über Fertigungsaufträge bist du immer am zusammenzählen, ob's reicht oder nicht!" Roger läßt sich von seiner Meinung nicht abbringen. „Wie willst du denn Teile planen, bei denen du mit Losgröße arbeiten mußt?" will Vreni wissen. „Losgröße hat doch nichts mit Aufträgen zu tun", kontert Roger, „Man kann doch wunderbar die Bedarfe einer gesamten Periode glätten. Das ist doch viel übersichtlicher als mit einzelnen Fertigungsaufträgen." Vreni gibt nach. Sie stellt leise fest, daß Roger ihr das zu einem späteren Zeitpunkt nochmals erklären muß.

Die Gläser sind leer. Roger ordert noch eine Runde für die gesamte Mannschaft. Den Tisch hat die Kellnerin in der Zwischenzeit auch schon abgeräumt. Das Essen ist in der Diskussion regelrecht untergegangen. Ich ziehe ein Zwischenfazit und bin mit dem Ergebnis zufrieden.

Kunz möchte endlich seine Frage beantwortet haben. Deshalb haut er Müller erneut an: „Was ist denn jetzt mit den Kapazitäten?" „Ich bin mir zwar noch nicht ganz klar, wie man das im Detail machen kann", antwortet Müller ohne Umschweife, „aber ich möchte irgendeine Möglichkeit schaffen, bei der die Kundenlinie angeben kann, wie lange sie zur Produktion eines bestimmten Teiles benötigt." „Sie wollen die Leute doch, um Gottes Willen, nicht die Arbeitspläne pflegen lassen", ist Bronner ganz verwundert. „Nein, das bestimmt nicht! Die Arbeitspläne sind viel zu kompliziert. Außerdem sind hier die Normzeiten eingetragen, die aufgrund von Zeitmessungen entstehen. Ich weiß noch, wie diese Zeiten früher entstanden sind, als wir noch Akkordentlohnung hatten", erklärt Müller. „Da brauchen sie mir nichts zu erzählen", sagt Bronner, „Aber wie stellen sie es sich dann vor?"

„Wissen sie, ich träume von einem Szenario, in dem die Disposition das Frühwarnsystem ist und die Steuerung dezentral an den einzelnen Kundenlinien stattfindet. Damit meine ich, neue Abrufe werden vom Kunden überspielt und werden sofort eingeplant, und zwar automatisch. Dabei werden diese Zahlen aber nicht verfälscht. Bei der Automatik müssen aber im Augenblick der Einplanung die Materialverfügbarkeit und die Kapazitäten simultan geprüft werden, und das ziemlich schnell. Die Disposition wird über ein Meldesystem informiert, wann Material- oder Kapazitätsengpäße auftreten. Ich denke bei den Kapazitätsinformationen an Erfahrungswerte, für die eine einzelne Kundenlinie verantwortlich zeichnet." „Ein außergewöhnliches Modell", vermelde ich aus meinem Papierstapel, „Jetzt fehlt nur noch ...!" „Finden wir nicht!" tönt es unisono von Grieshaber und Vreni. Die alten Schützengräben werden wieder ausgebuddelt. „Ich kann doch die Planung nicht an die Produktion übergeben! Die blicken es doch nicht", argumentiert Vreni selbstsicher, „Ich kreise doch nicht wie der Adler über der Produktion; ich will rein und selber steuern. Dann weiß ich, was funktioniert und was nicht." „Halt, halt", Bronner mimt den Friedensboten, „Lassen sie sich doch die Worte von Herrn Müller erst einmal auf der Zunge zergehen, Frau Koch! Da ist doch was dran. Egal, ob man zentral oder dezentral plant. Simultanes Planen von Kapazität und Material ist immer von Vorteil. Und die Erfahrungswerte bieten sogar die Gelegenheit, die Leute an ihrer Verantwortung zu packen. Alles, was im Rahmen der Kapazität ist, muß gefertigt werden." „Stimmt, wenn man die Münze von der Seite betrachtet, dann glänzt sie", lenkt Grieshaber ein. Der Kelch ging nochmals an uns vorbei, das war knapp. „Sehen sie! Erst denken, dann dicke Backen machen", kann Müller den plötzlichen Rückzug der Schalter-Armada noch nicht tolerieren. Er wetzt die Messer. Und ich empfinde ein nasses Gefühl, als ob der volle Kelch zuerst über mir ausgegossen wurde, bevor er vorbei ging. „Sagt mal", Müller schießt scharf, „An euch ist jegliche Diskussion über moderne Organisationsformen spurlos vorbeigegangen." Am Nachbartisch drehen sich die Gäste nach uns um. Müller hatte kurzzeitig die Tonart Befehlshaber gewählt. Bevor Grieshaber die rote Birne durchglüht, und er ebenfalls die Geschütze auffährt, versucht Bronner wenigstens einen Waffenstillstand auszuhandeln: „Laßt doch bitte ab, das bringt uns überhaupt nicht weiter. Bisher verlief doch alles äußerst friedlich. Wichtig ist jetzt, daß wir hier alle Anforderungen aufschreiben. Und wenn diese Anforderungen aus den einzelnen Gruppen deckungsgleich sind, dann ist uns allen gedient. Das bedeutet nämlich, sie sind allgemeingültig und in unterschiedlichen Organisationsmustern verwendbar." Das war jetzt die Rettung. Die Röte aus Grieshabers Gesicht verschwindet langsam und Roger nutzt den günstigen Zeitpunkt für ein gemeinsames Prosit.

Vorsichtig führe ich die Diskussion auf meine offene Punkteliste zurück: „Mir fehlt noch ein Anhaltspunkt zu den Erfahrungswerten! Wer kann mir da helfen?" Nach einer großen Stille äußert sich Roger: „Mir fällt spontan nichts dazu ein. Nur, schnell rechnen muß man damit können." Er holt tief Luft, als hätte er etwas ganz besonderes auf dem Herzen: „Ich überlege gerade, wie es ist, wenn wir keinen Lagerbestand an Endprodukten haben. Heute bekomme ich oftmals Anrufe von den Kunden über kurzfristige Bestelländerungen. Bisher schaue ich immer auf unseren Lagerbestand und entscheide danach, ob wir liefern können oder nicht. Ist kein Bestand mehr frei verfügbar, und drängt der Kunde trotzdem weiter, dann wird es kompliziert. An so vielen Stellen muß ich die Informationen abholen, um schlußendlich über eine Lieferung zu entscheiden. Das bekomme ich ohne Lagerbestand niemals in den Griff!" Vreni pflichtet ihm bei: „Wir haben es zwar an dieser Stelle etwas einfacher, da ich beim Oberteil die geplanten Fertigungsaufträge sehe, aber was darunter abläuft, bleibt auch mit meinem System völlig im Dunkeln." „Super wäre, wenn wir eine Anzeige über alle Fertigungsstufen hätten, in die ich oben ein Teil, ein Datum und eine Menge eintrage. Wenn ich jetzt alle Eckdaten, wie verwendete Kapazitäten, Material, Lagerbestand und so weiter auf allen Fertigungsstufen sehen könnte, das wäre was. Dann könnte ich zum Beispiel feststellen: Die Teile sind im Lager Spritzguß verfügbar, die Kapazität in der Endmontage reicht aus und die Durchlaufzeit ist kleiner als ein Tag. Mit dieser Auskunft kann ich dem Kunden sofort sagen, daß wir spätestens morgen liefern", führt Roger seinen Gedanken weiter aus. „Das ist toll. Die Kunden wären richtig platt, wenn wir so schnelle Antworten geben könnten", tut Vreni begeistert kund. Von Software scheinen die beiden wirklich keine Ahnung zu haben. Es ist unmöglich, all die Fertigungsaufträge zu verrechnen. Ich notiere die Anforderung trotzdem; später kann man ja immer noch streichen.

Müller gähnt, er hat sein Pulver verschossen. Ich schaue auf die Uhr, es ist kurz vor Zwölf. „Ich glaube wir sollten für heute Schluß machen. Morgen müssen wir wieder ran!" sagt Grieshaber. Ich schüttle meinen Papierstapel auf. Das genügt fürs Erste, glaube ich. „Falls ich noch Fragen habe, kann ich in den nächsten Tagen auf sie zurückgreifen?" erkundige ich mich. „Kein Problem", meint Roger. Auch die anderen stimmen zu. Wir lösen die Tafel auf und bezahlen unsere Zeche. Draußen ein kurzer Abschied, und schon sitze ich in Vrenis Auto. Wir fahren wortlos zum Firmenparkplatz zurück. „Also Tschüs", meint Vreni. „Was machst du jetzt noch?" möchte ich wissen. „Ich glaube ich falle sofort ins Bett, wenn ich nach Hause komme." „Wir könnten doch noch kurz bei mir was trinken?" setze ich nach. „Vielen Dank, aber heute Nacht nicht. Ich komme ein andermal auf das Angebot zurück. Ich bin einfach zu müde", antwortet sie. Nachdem ich ausgestiegen bin und mich nochmals umdrehe, haucht sie mir einen Handkuß entgegen. Das tut gut, wahrscheinlich stehe ich nachher im Bett.

6 Zusammenfassung der Anforderungen

Wenn man das Ziel nicht kennt, ist kein Weg der richtige.

Koran

Mein Kopf ist bleiern, die Füße sind schwach. Schon wieder Aufstehen. Der Wecker kennt keine Gnade und klingelt mich aus dem Bett. Vor mir erkenne ich den Papierstapel von gestern. Ich habe ihn einfach auf den Boden geworfen, nachdem ich zu müde war, um alles zu sortieren. Heute ist der Tag zur Abgabe, und es war ein ganz schönes Stück Arbeit zu bewältigen, bis alle Anforderungen ausgearbeitet waren. In den letzten Tagen mußte ich zudem einige Male nachfragen. Doch jetzt verstehe ich, was die einzelnen Personen mit ihren Anforderungen konkret meinen. Dem Himmel sei Dank, daß ich das Wochenende nutzen konnte. Ansonsten würde das Ergebnis noch nicht festliegen.

Übrigens, das Ergebnis. Eigentlich sind es nur vier Folien, die ich zu präsentieren habe. Aber jede Anforderung hat es in sich. Die zweitausend Quellcode-Seiten schlummern im Eck. Sie haben nichts mehr zu befürchten. Denn ich habe keinen Ansatz gefunden, mit dem man das SST-System anpassen kann. Mit Adleraugen habe ich Seite für Seite überflogen – nichts, keine Chance. Wahrscheinlich sollte man dem Adler eine Brille spendieren. Ganz enttäuscht höre ich mich seufzen.

Wenigstens stehen schon mal die Anforderungen fest. Es haben sich drei Gruppen herauskristallisiert: Planung, Steuerung und Simulation. Bei Simulation bin ich zwar der Meinung, daß es ebenfalls zur Planung gehört – aber, die Anforderung ist so beeindruckend. Leider glaube ich nicht, daß sie sich jemals realisieren läßt. Deshalb schreibe ich sie lieber extra auf, dann kann man sie am Ende besser streichen.

Normalerweise lese ich Zeitung beim Frühstück. Aber heute beschäftigt mich meine Arbeit mehr. Neben Kaffee, Brötchen und Marmelade liegt das gute Stück. Ich überfliege die Folien.

Anforderungen an die Planung

Die Planung muß den gesamtheitlichen Überblick über
die Bedarfs- und Deckungssituation bieten.
Im Einzelnen bedeutet das:

- Hohe Aktualität der Bedarfs- und
  Deckungssituation ohne dauernde
  Materialbedarfsrechnung.

- Pro Teilenummer müssen alle Termin-
  /Mengenpaare in einer Bildschirmmaske planbar
  sein. Keine diskreten Fertigungsaufträge, sondern
  'einen' Plan über den gesamten Zeithorizont
  (höhere Transparenz).

- Über die aktuelle Bedarfssituation und den
  bestehenden Plan muß eine Abweichungsanalyse
  möglich sein. Mit ihr sollen folgende Fragen
  beantwortet werden:
  Welche Abweichungen bestehen pro Kundenlinie?
  Wieviel Prozentpunkte umfaßt die Abweichung?
  Wie hoch ist die absolute Mengendifferenz?
  Wie lange tritt die Mengendifferenz auf?

Anforderungen an die Planung Teil 1

Anforderungen an die Planung (Fortsetzung)

- Bei der Abweichungsanalyse sollen die kurzfristigen Änderungen höher bewertet werden, als die langfristigen.

- Simultane Materialverfügbarkeits- und Kapazitätsrechnung.

- Kapazitätsrechnung über Erfahrungswerte aus der Produktion, nicht über die Normwerte aus dem Arbeitsplan.
  Ziel ist: Produktion soll sich in die Planung einbringen können.

- Automatische Planung für alle die Teile, bei denen kein Material- bzw. Kapazitätsengpaß auftritt.
  Ziel ist: Disposition soll sich nur noch um die 'schwierigen Teile' kümmern (Disposition = Frühwarnsystem).

- Ist die Wunschplanung nicht realisierbar, so sollen pro Teil die Bedarfsverursacher dargestellt werden. Damit können Prioritäten vergeben werden.

Anforderungen an die Steuerung

Der gesamtheitliche Überblick auf die Bedarfssituation soll bis zur Kundenlinie erhalten bleiben.
Das bedeutet:

- Keine Steuerung mittels Fertigungsaufträge

- Pro Kundenlinie soll ein Plan über alle Teile und
  deren Fertigstellungstermine / -mengen ausgegeben
  werden (Dialog bevorzugt).

- Termine und Mengen können von der Kundenlinie
  in einem gewissen Rahmen selbst zusammengefaßt
  werden. Dazu soll ein Dispositionsspielraum
  eingeführt werden.

- Rückmeldung vereinfachen. Nur Teilenummer und
  Menge (retrograde Abbuchung).

- Vergleich zwischen Bedarfs-, Plan- und
  Rückmeldedaten pro Kundenlinie, damit jederzeit
  die Prozeßsicherheit kontrolliert werden kann:
  Sind die Termine eingehalten?
  Ist eine Vorlaufsituation entstanden?
  Ist eine Rückstandssituation eingetreten?

Anforderungen an die Simulation

Kurzfristige Bedarfsänderungen, für die noch keine Planung durchgeführt wurde, sollen über alle Fertigungsstufen simuliert werden.
Folgende Fragen sollen pro Fertigungsstufe beantwortet werden:

- Welche Bedarfsmenge resultiert brutto bzw. netto aus der kurzfristigen Bedarfsanforderung?

- Welcher Bestand ist am Lager?

- Welcher geplante Lagerzugang ist zu erwarten?

- Wie sicher erfolgt dieser Lagerzugang?

- Sind die benötigten Mengen frei verfügbar?

- Welche Kapazitäten werden für die Erstellung des Produktes gebraucht?

- Sind die notwendigen Kapazitäten verfügbar?

- Auf welcher Fertigungsstufe muß mit der Produktion begonnen werden?

Pünktlich um zehn Uhr klopfe ich an die Zimmertür von Herrn Schmidt. Er hat den Termin für diese Woche vorverlegt, weil seine Frau heute Geburtstag hat und er früher nach Hause möchte. Die Tür wird geöffnet. „Kommen sie herein", freut sich Herr Schmidt, „Schön, daß sie schon früher Zeit gehabt haben." Ich begrüße ihn höflich. Er scheint bei bester Laune zu sein. „Und, waren sie erfolgreich?" möchte er wissen. „Wie man es nimmt. Die Anforderungen habe ich zusammengetragen." „Prima, zeigen sie mal ihr Werk!" sagt er. Ich reiche ihm, mit etwas flauem Gefühl im Magen, die Folien.

Während er so liest, fragt er mich: „Haben sie schon geprüft, ob sich diese Anforderungen im SST-System realisieren lassen?" Da war es doch gut, daß ich mir den Sourcecode angetan habe. „Ja, aber ich habe nichts gefunden, wo man ansetzen könnte", sage ich, „Und selbst wenn man Teile davon neu schreibt – die MRP-Philosophie paßt irgendwie nicht!" „Das habe ich befürchtet", meint Herr Schmidt sichtlich geknickt, „Woran liegt das denn?" „Die MRP-Steuerung geht immer von einem Produktionsplan aus, den es in Fertigungsaufträge zu binden gilt! Nur, so einen Produktionsplan können wir gar nicht erstellen. Denn die Änderungen vom Kunden sind viel zu häufig. Bei uns wäre es sinnvoller, wenn der Kundenbedarf regelmäßig an die einzelnen Linien übermittelt würde." „Sie meinen, wegen der Nullagerbestand Maxime", ruft er verständig. „Ja!" gebe ich zur Antwort, „Das fordert eine extreme Flexibilität vom System."

Bei der letzten Seite hält er inne. „Sie haben ja nur die Produktion behandelt!" sagt er mit ernstem Blick, „Wie soll denn hier unsere Zukunftsvision abgebildet werden?" In mir keimt der Verdacht, daß wir bei unserem abendlichen Umtrunk etwas ganz Entscheidendes vergessen haben. Ich könnte mich ohrfeigen, so ärgerlich bin ich. „Da haben sie Recht, die habe ich völlig verschlafen", muß ich eingestehen. „Nicht so schlimm. Komm', setzen sie sich hin", sagt er, „Dann können wir es uns gemeinsam überlegen." Jetzt kommt die Aufbauphase. Er holt einen Schreibblock und setzt sich, mit heiterer Miene, neben mich. Das scheint ihm Spaß zu machen, denn schon pinselt er ein Modell auf die erste Seite. „Das ist die neue Halle", meint er, „Und hier haben wir unsere heutigen Produktionsgebäude. Für jeden Partner noch einen Kreis, und schon ist das Bild fertig. Jetzt möchte ich mit ihnen ein Produkt über den gesamten Produktionsprozeß verfolgen." Er steht auf, geht zu seinem Schreibtisch und holt zwei Dinge. Ein Musterteil, das er vor uns auf den Tisch stellt, und die zugehörige Zeichnung. Gemeinsam betrachten wir die Zeichnung und zerlegen das Produkt in die einzelnen Bauteile. Jedem Bauteil ordnen wir aus unserem Produktionsmodell einen Ort zu, an dem es voraussichtlich gefertigt wird. Herr Schmidt zeichnet nun alle

Bauteile in den Plan und verbindet sie entlang des Entstehungsprozesses miteinander.

„Sehen sie, worauf ich hinaus will?" spricht er mich an. „Nicht genau, aber sie verbinden alle Baustufen zu einem Gesamtprozeß", tippe ich. Wir haben eine ordentliche Anzahl an Baustufen aus dem Produkt generiert. „Das ist richtig." Er hebt die Linien mit seinem Stift hervor. „Wenn ich alle Baustufen mit Linien verbinde, dann bedeutet das: Die Lieferanten, Fremdfertiger und die Produktion sind in einem Prozeß abgebildet. Und das muß die Zukunft sein, denn es gilt: Wenn ein Glied in der Kette versagt, dann versagt die gesamte Kette. Deshalb muß die Chance bestehen, den Überblick über alles zu haben." Das mit dem Glied in der Kette gilt im übrigen schon immer. „Aha, verstehe", grüble ich, „Wie wollen wir das steuern!" „Genau wie sie es beschrieben haben", ruft Herr Schmidt aus, „Lieferanten und Fremdfertiger sind doch auch nichts anderes als Kapazitätseinheiten. Die muß man doch nach den selben Regeln planen können, wie die eigene Produktion." Jetzt ist der Groschen gefallen. Ich überschaue, worauf er hinaus will. „Sie zielen darauf ab, den gesamten Prozeß in eine logistische Stückliste zu packen. Keine Trennung zwischen klassischer Stückliste und Arbeitsplan." „So ist es!" antwortet er. Doch bevor er weiteres von sich geben kann, lege ich schon wieder los: „Das hört sich ja genial an. Das paßt hervorragend zu der von ihnen propagierten Steuerung mittels Selbstverantwortung. Pro verantwortlicher Kapazitätseinheit wird ein Baukasten definiert, und über die Erfahrungswerte aus jeder Einheit haben wir eine Schranke, mit der wir die Machbarkeit prüfen können. Wie es in der Kapazitätseinheit genau aussieht, interessiert uns nicht. Wir steuern im Wesentlichen nur den Ein- und Ausgang einer Kapazitätseinheit. Und über die Erfahrungswerte wissen wir, ab welchem Augenblick mit den Verantwortlichen aus der Kapazitätseinheit gesprochen werden muß." „Genau, so stelle ich es mir vor", freut sich Herr Schmidt, „Man kann nämlich für Lieferanten und Fremdfertiger genauso Schwellenwerte festlegen, mit denen man prüfen kann, ob der Prozeß funktioniert oder nicht. Ich denke da zum Beispiel an die Wiederbeschaffungszeit. Wichtig ist nur, daß alles in einem Prozeß abgebildet wird, und nicht in der klassischen Form. Bei so komplexen Produkten, wie wir sie in Zukunft herstellen, ist es für die Disposition unzumutbar, daß sie die Fremdfertigung über den Arbeitsplan kontrollieren muß." Ich stelle fest, daß er sich im SST-System etwas auskennt. Denn Fremdfertigung läßt sich dort nur über den Arbeitsplan steuern. Ich frage jetzt ganz unverblümt: „Die Anforderungen an das zukünftige System sind dann gar nicht so schlecht?" Er merkt, daß ich um ein Lob flehe. „Doch, die Anforderungen sind vollständig. Man muß nur die Sicht auf Lieferanten und Fremdfertiger erweitern." Mit Stolz geschwellter Brust verabschiede ich mich von Herrn Schmidt.

In meinem Zimmer ergänze ich flugs die Folien. Überall, wo Produktion steht, schreibe ich jetzt Produktion, Fremdfertiger und Lieferanten. Ich mache einen Satz Kopien, denn am Nachmittag ist die abschließende Abstimmung über den Anforderungskatalog. Für die Erweiterung der Sichtweise sammle ich dickes Lob ein. Ich hatte zwar im Nebensatz angedeutet, daß die Idee von Herrn Schmidt kam. Aber das hat anscheinend keiner gehört, und mich stört das im Moment nicht.

7 Die Prozeßabbildung

*Genie ist die Fähigkeit, das Komplizierte auf das
Einfache zu reduzieren.*

C. W. Ceram

Es ist jetzt schon ziemlich spät. Eigentlich wird es langsam Zeit, ins Bett zu gehen, aber mein Kopf ist noch ganz voll von all den Anforderungen, die ich in den letzten Tagen zusammengeschrieben habe. Dezentrale Steuerung mit einem zentralen Frühwarnsystem pro Produktgruppe, wie soll man das alles unter einen Hut bekommen. Ziellos laufe ich im Zimmer herum. Die Hände habe ich tief in den Hosentaschen vergraben. Die vielen gebrauchten Taschentücher versperren den Weg zum Grund. Also begebe ich mich zum Mülleimer und beginne, die Hosentaschen zu leeren. Ach, da ist ja noch ein Stück Papier; ganz interessiert knülle ich es auf. Dr. Grüner, die Anschrift und Telefonnummer von meinem Vater. 'Falls Sie ihn einmal brauchen' – die Worte von Herrn Schmidt sind mir noch im Ohr. Ich streiche den Zettel glatt. Vielleicht sollte ich ihn anrufen, denn irgendwie stehe ich gerade vor einer Wand und es sieht so aus, als müßte ich nach oben. Jedoch, mir fehlt die Ausrüstung.

Ich gehe zum Telefon und schaue nochmals auf den Zettel. Soll ich oder soll ich nicht? Einerlei, ich schnappe den Hörer von der Gabel und wähle die Nummer. Es ist 21:58 Uhr, vielleicht sollte ich auflegen. Um die Zeit ruft man doch niemanden an, mit dem man seit über zehn Jahren nicht mehr gesprochen hat. Jetzt ist es zu spät, auf der anderen Seite wird der Hörer abgenommen. Ich höre am anderen Ende einen Fernseher. „Grüner", eine verschlafene Stimme meldet sich. „Hallo Vater", sage ich verlegen, „Hier ist Klaus." „Was, Klaus!", ruft Vater und scheint plötzlich hellwach, „Wie kommt es, daß du mich anrufst? Mein Gott, haben wir schon lange nicht mehr miteinander gesprochen!" Ich glaube er ist ziemlich aufgeregt; zumindest bin ich es. Ich fange an zu stottern: „Entschuldigung, daß ich so spät anrufe. Aber ich habe ein riesiges Problem und ich glaube, du kannst mir helfen." „Das macht doch nichts! Ich freue mich, daß ich 'mal was von dir höre. Schieß einfach los, vielleicht kann ich dir ja wirklich helfen", erwidert er. Also lege ich los. Es ist, als ob man die Schleusentore bei einem Stausee öffnet; alle angestauten Gedanken sprudeln nur so heraus.

Nach fünfzehn Minuten unterbricht er mich. „Ich glaube", sagt er, „die Lösung finden wir heute abend nicht mehr. Ich mache dir einen Vorschlag: Komm' mich doch am Wochenende besuchen, du kannst bei uns übernachten. Wir haben ein Gästezimmer, da ist soviel Platz, daß du deine Freundin mitbringen kannst." Ich überlege kurz und antworte: „Das ist eine prima Idee. Ich nehme das Angebot gerne an. Da haben wir dann viel Zeit, um über alles zu sprechen." „Am Samstag abend haben wir zwar Besuch, aber das sind ganz nette Leute. Falls du jedoch keine Lust hast, mit denen zusammen zu sitzen, dann kannst du ja ausgehen. Wir haben in der Nähe hervorragende Möglichkeiten", ergänzt er. Ohne eine weitere Antwort abzuwarten, sagt er: „Wann schätzt du, daß du da bist?" „Wieviel Kilometer sind es von hier bis zu dir?", frage ich. „Ich schätze circa Vierhundertfünfzig." Ich überschlage die Fahrtdauer und sage: „Dann bin ich um elf Uhr da." „Prima, ich freue mich auf unser Wiedersehen. Bis dann und gute Nacht", sagt er. „Ich freue mich auch. Gute Nacht", schließe ich ab und lege auf. Das hat sich ja richtig gelohnt, meinem Vater anzurufen. Mit der 'Freundin' habe ich auch schon eine Idee. Ich gähne, jetzt bin ich wirklich müde.

Das Radio weckt mich pünktlich um sechs Uhr. Ich räkle mich und drehe mich noch mal um. Morgens bin ich einfach noch nicht so fit, um gleich auf vollen Touren zu drehen. Nachdem ich den Kampf gegen den inneren Schweinehund gewonnen habe, überquere ich frisch rasiert und gestärkt den Firmenparkplatz. Wie es der Zufall will, sehe ich Vreni am anderen Ende. Ich winke ihr zu, und sie läuft prompt zu mir herüber. Vorsichtig beginne ich ein Gespräch: „Gestern Abend habe ich mit meinem Vater telefoniert. Ich glaube, er könnte uns bei der Lösungsfindung helfen." „Toll", meint Vreni, „was hat das mit mir zu tun." Ihr scheint heute morgen schon eine Laus über die Leber gelaufen zu sein. Ich gebe aber nicht auf: „Er hat gemeint, daß ich ihn am Wochenende besuchen soll, dann könnten wir alles besprechen. Da ist mir die Idee gekommen, zu zweit könnte man unsere Problematik sicher besser darstellen." „Das heißt, du willst mich mitnehmen", antwortet Vreni trocken. „Du hast eine unheimlich schnelle Auffassungsgabe. Genau das meine ich!" Heute Morgen ist sie ziemlich komisch. Nach einer kurzen Pause ergänze ich, „Hast du Lust!" „Das muß ich mir noch überlegen, aber jetzt muß ich erst mal da rein. Es ist die Hölle los. Die haben mich heute zu nachtschlafender Zeit schon daheim angerufen. Eine Maschine ist zu Beginn der Frühschicht ausgefallen. Sie wissen nicht, auf welche Endprodukte das Auswirkung hat. Es ist immer das Selbe", entgegnet mir Vreni knurrig. Jetzt ist mir klar, warum sie heute morgen so kurz angebunden ist.

Schon im Eingang stürzt Grieshaber auf uns zu. Völlig aufgelöst und außer Atem ruft er: „Gut, daß sie da sind. Die ganze Produktion steht!" „Was heißt das, die ganze Produktion?" erwidert Vreni angriffslustig. „Okay, wir wissen nicht, welchen Auftrag wir jetzt als erstes durchbringen müssen. Die kaputte Maschine ist wieder in Ordnung", sagt Grieshaber beschwichtigend. „Ich schau' gleich nach den Aufträgen", antwortet sie Grieshaber, und zu mir sagt sie: „Tschüs Klaus, bis später. Ich ruf' dich an." Beide lassen mich im Gang stehen.

Denen fehlt wohl völlig der Überblick. Anscheinend brauchen sie jedesmal den Disponenten, wenn irgend etwas in der Produktion schiefgeht. Gedankenverloren gehe ich in mein Büro. Ich packe meine sieben Sachen aus und betrachte nochmals die Anforderungen. Die Sache von vorhin läßt mich nicht los. Irgendwie muß der Fertigungsprozeß dringend als Ganzes abgebildet und gesteuert werden. Unter einem Stapel Papier finde ich Stückliste und Arbeitsplan für einen Warnblinkschalter. Super, ein Arbeitsgang wird fremd gefertigt. Ich setze mich an meinen PC und modelliere beispielhaft den Datenaufbau für das Produkt. Zuerst den Baukasten für die Endmontage, dann die einzelnen Arbeitsgänge. Ich betrachte die Zeichnung. Schön sieht sie aus, genau so wird es in SST abgebildet. Aber, entspricht das wirklich den Tatsachen? Nein, mit der Maus ziehe ich gestrichelte Pfeile zwischen Material und Arbeitsplan. So, jetzt sieht man, wie der Produktionsprozeß tatsächlich abläuft.

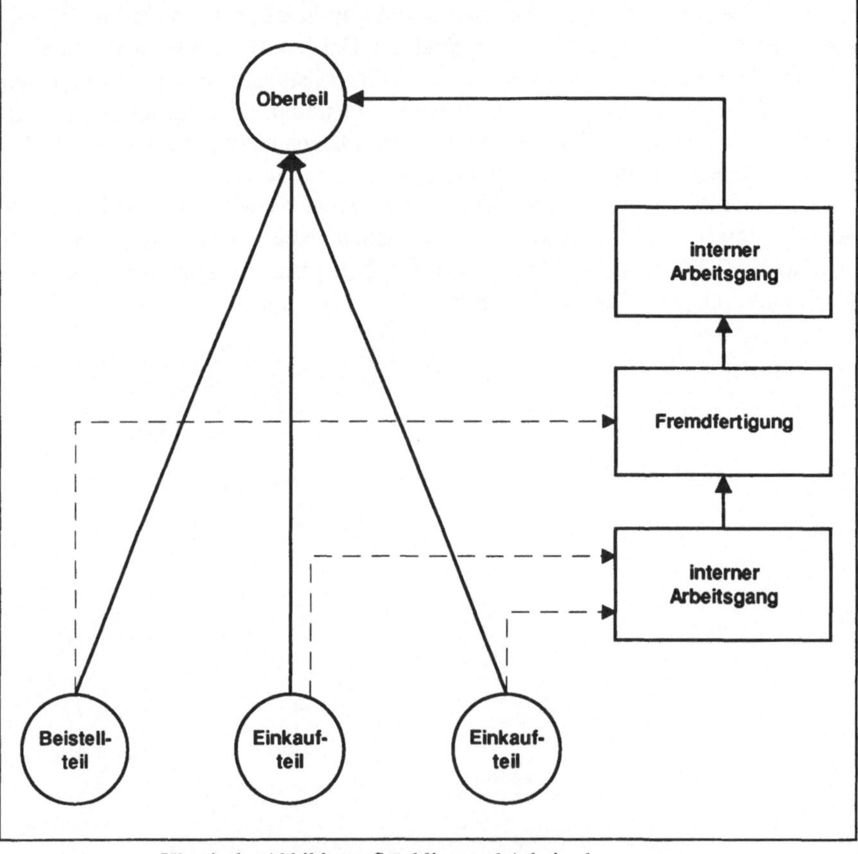

Klassische Abbildung: Stückliste und Arbeitsplan getrennt

Langsam bin ich hungrig; vielleicht sollte ich jetzt zum Mittagessen gehen. Heute gönne ich mir was Besonderes, geistige Hochleistung regt den Appetit an. Die Sache hat aber einen Haken. Oben in der Kantine gibt es heute nur Einheitsfraß. Da muß was anderes her. Ich wühle den Autoschlüssel unter dem Papierberg hervor und begebe mich zum Auto. In der Nähe gibt es eine kleine Pizzeria, in die geh' ich. Als ich das Auto auf der gegenüber liegenden Straßenseite geparkt habe und die Pizzeria betrete, stelle ich fest, daß ich nicht der Einzige bin, der was Besonderes will. Der Laden ist gestopft voll. Da bleibt mir nichts anderes übrig, als eine Pizza zum Mitnehmen zu bestellen. Ich entscheide mich für Tonno. Aber was heißt schon entscheiden, die nehme ich immer. So ein leckeres Ding mit Thunfisch und vielen Zwiebeln. Aber trocken kann ich sie ja nicht hinunterwürgen, deshalb suche ich nach dem geeigneten Getränk. Eine Dose Cola, damit ich einen klaren Kopf behalte.

Eigentlich ist es gar nicht schlimm, daß es keinen Platz in der Pizzeria gibt. Ein angenehmer Frühlingstag, nicht zu kalt und nicht zu warm. Gerade richtig, um im Freien Pizza zu essen. Ich fahre auf die Anhöhe gegenüber der Firma. Als ich das Auto auf dem Wanderparkplatz abstellen möchte, sehe ich: Die Zugangsschranke zum Aussichtspunkt ist offen. Kurz entschlossen gebe ich Gas. Im Rückspiegel sehe ich, daß die Räder ganz schön Staub aufwirbeln. Den Gedanken 'Etwas Unrechtes getan zu haben' verwerfe ich in dem Moment, in dem ich auf dem Aussichtspunkt ankomme. Vor mir eine einladende Sitzgelegenheit, von der man wunderbar das Treiben der ganzen Gemeinde beobachten kann. Ich stelle den Motor ab, steige aus und setze mich auf die Bank. Meine Schätze habe ich unter dem Arm. Bevor ich mich jedoch über die Pizza hermache, ziehe ich meine Jacke aus. Sie soll vor den unvermeidlichen Fettflecken bewahrt werden. Dann genieße ich ein großes Stück Pizza.

Es ist passiert, eine Zwiebel hat sich auf meinem Hosenbein verirrt. Als ich mir mit der mitgelieferten Serviette die Reste von der Hose putze, sehe ich die Bauanleitung für eine Lokomotive. Sie ist auf die Rückseite der Serviette gedruckt. Wie beschrieben, hebe ich den Karton mit der Pizza. Auf der Unterseite sind die einzelnen Bauteile für die Lokomotive eingeprägt. Als ich mir die Plastikgabel und das Messer näher betrachte, erkenne ich die Sollbruchstelle im Griff. Sie sollen nach dem Mahl die Achsen darstellen. Ich schlinge den Rest der Pizza hinunter. Jetzt noch die Alufolie aus dem Behälter nehmen und schon startet der Lokomotivenbau. Was mich fesselt, ist die Bauanleitung. Oben, auf der Serviette, ist die Lokomotive abgebildet. Und je weiter man nach unten schaut, sieht man die einzelnen Bauteile. Das heißt, wenn man von unten mit dem Bau beginnt, so erhält man, wenn alle Zweige abgearbeitet sind, eine Lokomotive. Ich baue eifrig und betrachte anschließend mein Werk. Abfall sind am Ende ausschließlich die Serviette und zwei Seitenlaschen vom Karton. Ich muß lachen und sehe ein, daß die Lokomotive in Wirklichkeit ebenfalls zum Müll kommt. Was soll ich mit dem Ding?

So dumm es klingt, in Gedanken projiziere ich die Bauanleitung auf das Problem mit der Prozeßabbildung. Es ist weniger der Inhalt, der mich beschäftigt. Vielmehr ist es das Aussehen, das mich zum Denken verleitet. Eine Abbildung, in der die gesamte Aufbauanweisung enthalten ist. So etwas muß doch mit unserer Stückliste und dem Arbeitsplan ebenfalls möglich sein.

Nur sollte eine genaue Regel existieren, wann ein neues Prozeßelement eröffnet wird. Ich martere mein Hirn Auf jeden Fall, wenn ein Teil eingekauft wird. Das war bisher auch schon so. Noch ein Grund ist, wenn mehrere Unterteile in ein Oberteil verbaut werden. Wie ist es mit der Fremdfertigung? Wenn man es genau nimmt, geht mindestens ein Teil raus und ein anderes Teil kommt zurück. Irgendeine Veränderung muß stattgefunden haben, sonst würden wir es ja nicht zum Fremdfertiger geben. Ist doch logisch! Somit könnten wir es grundsätzlich in eine Stückliste aufnehmen. Das muß der Weg sein. Mir spuken zwar im Hinterkopf noch weitere Geistesblitze herum, aber die gilt es erst einmal zu konservieren. Denn es ist schon vierzehn Uhr. Ich muß zurück. Sonst glauben die, ich sei verschollen oder mache mir ein schönes Leben.

Den Müll werfe ich in die Tonne neben der Bank, dann begebe ich mich ins Auto und starte durch. Zurück an meinem Arbeitsplatz, stelle ich fest, daß mich noch niemand vermißt hat. Somit kann ich mich gleich wieder hinter meinem PC verkriechen und die Überlegungen weiter entwickeln. Wo war ich stehen geblieben? Genau, bei der Fremdfertigung. Wenn ich die Fremdfertigung in dem gesamtheitlichen Prozeß abbilden möchte, dann habe ich jeweils eine Teilenummer für die Artikel, die zum Fremdfertiger geliefert werden. Und ich habe eine Nummer für das Teil, welches, vom Fremdfertiger bearbeitet, zurückkommt. Wie steht es um die internen Prozesse? Ich versuche mir das Modell, aus dem Gespräch mit Herrn Schmidt, vor Augen zu führen. Pro Segment hat er einen Knoten gemalt. Dort sind aber mehrere Arbeitsgänge zu verrichten. Wenn man die alle in einem Prozeß abbildet, oh je. Das ist des Guten zuviel. Aber bei der Fremdfertigung müßte es schon funktionieren. Ich komme zu der Überzeugung, daß es, genau genommen, vom Detaillierungsgrad abhängt, den ich abbilden möchte.

Das ist jetzt Jacke wie Hose, ich versuche mich einfach an meinem praktischen Beispiel entlang zu hangeln. Für jedes Prozeßelement verwende ich einen Kreis

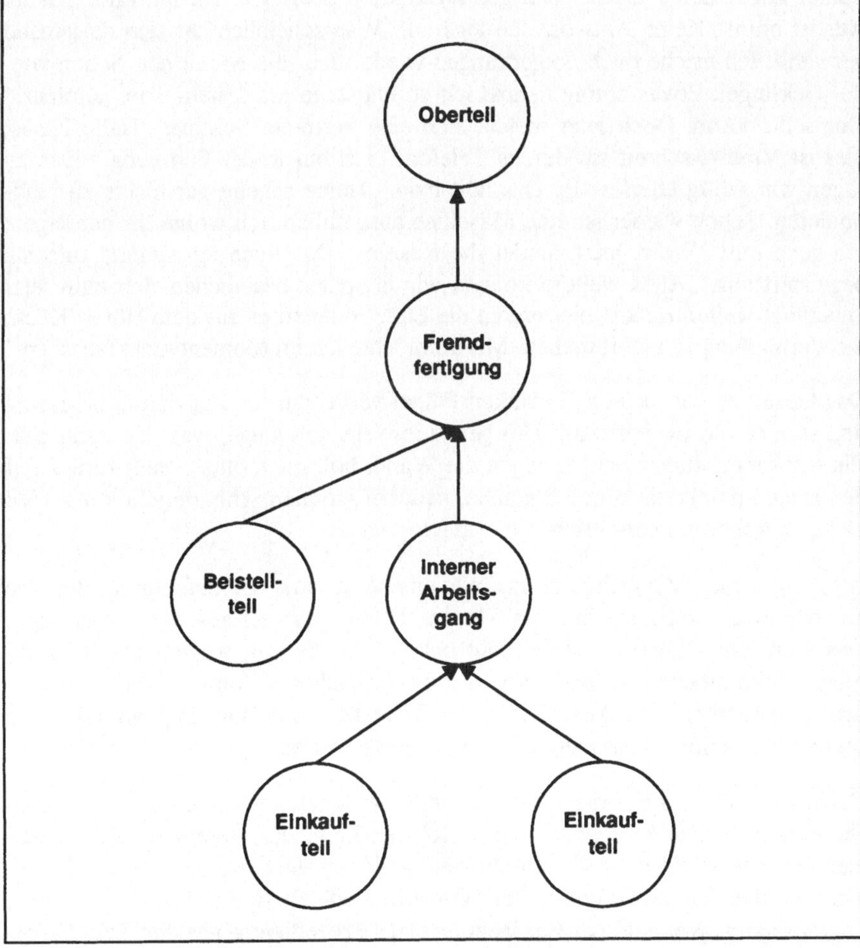

Prozeßabbildung: Stückliste und Arbeitsplan verknüpft

und verbinde die einzelnen Kreise mit Linien. So kann man den Entstehungsweg eines Produkts deutlich erkennen.

Das Bild gefällt mir gut. Es bleibt natürlich immer noch die Frage zu beantworten: Wann entsteht ein Prozeßelement? Ich schaue auf die Grafik, blicke zum Fenster hinaus – und, schaue wieder auf die Grafik. Das einzige, was in meinem Kopf verhaftet scheint, ist die blöde Fremdfertigung.

Gottlob läutet das Telefon, endlich Abwechslung. Ich nehme ab: „Grüner!" Lauter Lärm, der von einer heftigen Diskussion überlagert ist. Ich rufe: „Hallo, wer ist dran!" Keine Antwort, ich lege auf. Wahrscheinlich hat sich da jemand verwählt. Ich mache mich notgedrungen wieder über die Arbeit her. Schon wieder Geklingel. Etwas zornig nehme ich ab und sage mit festem Ton: „Grüner!" Der selbe Lärm. Doch jetzt meldet sich eine vertraute Stimme. „Hallo Klaus, hier ist Vreni", schreit sie durchs Telefon, „Ich bin in der Fertigung." Das zu sagen war völlig überflüssig. Das hört man. „Heute scheint gar nichts zu funktionieren. Schon wieder ist eine Maschine ausgefallen. Ich wollte dir nur sagen: Ich gehe mit!" Wow, jetzt zündet die Rakete. „Das finde ich super!" rufe ich begeistert aus. „Alles weitere können wir ja später besprechen. Ich muß jetzt unbedingt weitermachen, hier brennt die Luft." donnert es aus dem Hörer. Klick, die Verbindung ist unterbrochen. Mit ihr möchte ich im Moment nicht tauschen.

Das Gespräch hat meinen Gedanken Flügel verliehen. Ich bin richtig berauscht und stimme ein Liedchen an. Um genau zu sein: Ich singe, was das Zeug hält. Ein trockener, kurzer Schlag gegen die Wand, holt mich blitzschnell zurück auf den Boden der Tatsachen. Ich glaube, meinem Zimmernachbarn gefällt das Lied nicht. Zumindest, interpretiere ich sein Klopfen so.

Also ein neuer Versuch, ein Prozeßelement genauer zu definieren. Bei den Überlegungen stoße ich auf das Thema 'Erfahrungswert aus der Produktion'. Das muß ich ja auch unter den Hut bekommen. Genau, wenn wir mit Erfahrungswerten arbeiten wollen, dann muß ein Prozeßelement mit diesem Maß eindeutig bewertbar sein. Also darf es pro Prozeßelement nur ein Maß geben, es sollen ja kapazitive Aussagen daraus gewonnen werden.

Genauso muß beim Übergang von einem Verantwortungsbereich in den anderen ein Prozeßelement verfügbar sein, ansonsten kann der Übergang nicht dokumentiert werden. Dies ist jedoch notwendig, da wir die einzelnen Segmente über den Lagerbestand bewerten wollen. Langsam schließt sich der Kreis. Apropos, Lagerbestand: Während der Bearbeitung eines Prozeßelementes darf kein Lagerschritt nötig sein. Wie soll denn sonst der kapazitive Erfahrungswert bestimmt werden? Die Durchlaufzeiten ist ja sonst absolut nicht planbar.

Neben meinen Gedankenspielen habe ich einige Blatt Papier bekritzelt. Jetzt habe ich genug. Die gesamten Argumente zur Bestimmung von Prozeßelementen fasse ich auf einer Folie zusammen.

Für heute ist das Tagwerk geleistet. Der strategische Schachzug im Lustspiel 'Vreni und Klaus' ist ebenfalls gelungen. Was will man mehr! Ich mache den PC aus, ordne den Papierstapel und verlasse die Denkwerkstatt.

Prozeßelement
Sachverhalt und Definition

Ein Prozeßelement entsteht immer am Ende eines Bearbeitungsprozesses durch einen verantwortlichen Bereich oder externen Partner.

Folgende Bedingungen können zu zusätzlichen Prozeßelementen führen:

- Es tritt ein Losgrößen-Riß innerhalb der Baustufe auf. Es gilt:
  Innerhalb einer Prozeßstufe dürfen keine Produktionsschritte enthalten sein, die es erfordern, daß ein Erzeugnis in unterschiedlichen Losgrößen gefertigt wird.

- Bei der Erstellung eines Prozeßelementes sind wesentliche Lagerschritte erforderlich. Das heißt:
  Eine Prozeßstufe sollte nach dem Fließprinzip erstellt werden und ausschließlich vernachlässigbare Lagerschritte beinhalten.

- Es kommen unterschiedliche Kapazitätsengpäße in einer Baustufe vor. Das bedeutet:
  Eine Prozeßstufe wird über 'einen' kapazitiven Erfahrungswert gesteuert.

8 Die Fortschrittszahl oder 'das Fliegerspiel'

Nichts auf der Welt ist so kraftvoll wie eine Idee,
deren Zeit gekommen ist.

Victor Hugo

Hätte ich mit Vreni nicht noch was ganz Großes vor, dann würde mir jetzt der Kragen platzen. So geladen bin ich. Seit einer dreiviertel Stunde irren wir jetzt in Vaters Wohnort herum. Und sie hat sich eingebildet, sie könne Karten lesen. Links, rechts, geradeaus – überall Fehlanzeige. Mir scheint, daß wir am völlig falschen Ende von Köln sind.

Endlich gibt Vreni auf: „Klaus, ich glaube wir haben uns verfahren. Schau du doch mal auf die Karte, ich weiß gar nicht mehr, wo wir genau sind." Ich fahre rechts ran. „Das merkst du aber reichlich spät!" kann ich mir dann doch nicht verkneifen und schnappe die Karte. Es sieht so aus, als wären wir ganz in der Nähe von Vaters Wohnung. Ich überprüfe die Straßennamen, meine Vermutung wird bestätigt. Wahrscheinlich sind wir jetzt geschlagene zwanzig Minuten um die Wohnsiedlung gefahren. Na ja, Vreni muß aufpassen, daß sie sich nicht mal in einer Telefonzelle verläuft. Ich starte den Wagen, gebe ihr die Karte zurück und steuere das Auto zielsicher auf den Parkplatz vor dem Gebäude 16. Ein trister Wohnblock, in dem bestimmt 40 Partien hausen. Das muß auch ein komischer Einfall gewesen sein, als sich mein Vater für diese Art des Wohnens entschied.

Die oberste Klingel führt zum Ziel. Ich drücke drauf und prompt meldet sich eine weibliche Stimme: „Ja?" „Klaus Grüner, ich möchte zu meinem Vater." Der Türöffner surrt. „Bitte fahren Sie mit dem Aufzug in den obersten Stock, ich hole Sie ab." Das Klacken signalisiert, daß die Frau den Hörer aufgelegt hat. Also gehen wir zum Aufzug und steigen ein. Als sich die Aufzugstür im zwölften Stock öffnet, stehen wir einer hübschen Frau, Mitte vierzig mit brünettem Haar, gegenüber. Ihr gewinnendes Lächeln begeistert mich sofort. „Guten Tag, ich bin Melitta. Hattet Ihr eine gute Fahrt?" Sie gibt zuerst Vreni, dann mir die Hand, und bevor Vreni irgendetwas sagen kann, schieße ich los: „Ich bin Klaus und das hier ist Vreni. Bis auf die letzten 10 Kilometer lief es ganz hervorragend." „Ja, ja, das sind die ewigen Verkehrsstaus bei uns."

„Nein, wir haben uns etwas verfahren", erwidert Vreni, „aber nun haben wir es endlich geschafft." Dazu sage ich lieber nichts. „Marco habe ich zum Einkaufen geschickt. Er müßte jeden Moment wieder zurückkommen. Aber jetzt kommt erst mal rein und legt ab. Ich kann euch ja solange die Wohnung zeigen." Mit der Hand weist sie uns den Weg zur Wohnungstüre.

So schlecht ist das Appartment nun auch wieder nicht, und als Melitta uns die Aussicht von der Dachterrasse zeigt, bin ich restlos überzeugt: Es kann ganz angenehm sein, hier zu wohnen. Kurze Zeit später öffnet sich hinter uns die Balkontüre, und wir drehen uns um. „Hallo Klaus", mein Vater nimmt mich in den Arm. Ich bin verlegen, denn irgenwie ist die Berührung für mich ungewohnt, „Wie geht es Dir?" „Mir geht's prima. Ihr habt hier ja eine tolle Aussicht", antworte ich hastig. „Ja, das glaubt man gar nicht, wenn man die Gebäude von unten sieht", erwidert er. Allerdings, da hat er Recht. „Das ist also deine Freundin?" fährt er fort. „Du solltest sie mir vorstellen." Aber das ist gar nicht nötig, denn Vreni platzt heraus: „Das kann man so nicht sagen. Wir sind Arbeitskollegen." Au backe, das hat gesessen. „Ich heiße Veronika Koch. Sie können gerne Vreni zu mir sagen." Sichtlich konsterniert, meint Vater: „Ich heiße Marco. Das ist mir jetzt richtig peinlich, denn ich bin davon ausgegangen, daß Klaus seine Freundin mitbringt." Er geht zu Melitta hinüber und beratschlagt leise mit ihr. Ich sage gar nichts und schaue auf den Boden. Mein Kopf beginnt zu glühen und ich sehe meine Felle davonschwimmen. Endlich unterbricht Melitta das Schweigen. „Unser Problem ist: Wir haben nur ein Gästezimmer. Aber wenn du, Klaus, im Wohnzimmer übernachtest, dann kann Vreni alleine schlafen." „Nein, das ist nicht nötig", meint Vreni, „Ich glaube, für eine Nacht vertragen wir uns schon." Meine Trümpfe sind doch noch nicht alle ausgespielt. Ich nicke eifrig, und Vater schließt das Thema ab: „Wenn Ihr meint, dann soll es uns recht sein."

Melitta verzieht sich in die Küche. Als der angenehme Geruch nach Essen durch das Wohnzimmer streicht, merke ich, daß ich ein riesiges Loch im Magen habe. Vreni will sich nützlich machen und begibt sich ebenfalls in die Küche. Als wir die gedämpften Stimmen durch die geschlossene Tür hören, setzt mein Vater an: „Da hast du mir aber einen schönen Bären mit Vreni aufgebunden." „Warum? Ich habe doch gar nicht behauptet, daß sie meine Freundin ist." Nach einer kurzen Unterbrechung ergänze ich: „Aber was nicht ist kann ja noch werden!" „Schau'n wir mal. Hier ist aber kein Eheanbahnungsinstitut, oder zumindest war es das bisher nicht", sagt er flachsend. „Was hat dich sonst noch auf die Idee gebracht, sie mitzubringen?" „Sie ist bei uns eine wichtige Disponentin und kennt den Laden in- und auswendig. Weißt du, wenn wir dir die Probleme schildern und anschließend über eine Lösung diskutieren, ist es sinnvoll, daß wir zu zweit sind. Dann vergessen wir nichts." Das hört sich ziemlich plausibel an. Er bohrt nicht weiter, und das ist gut so. „Sag mal, wie geht es Mutter? Weiß sie, daß du heute hier bist?" setzt er an. „Ja, sie hat sich richtig gefreut, als ich es ihr erzählt habe", meine ich, „Übrigens, sie läßt dich schön grüßen..." Wir plaudern noch etwas über die alten Zeiten.

Die Küchentür geht auf, und heraus kommen die beiden Frauen mit dem Essen. Wir setzen uns an den Tisch und loben höflich die Köche. Nudelauflauf mit frischem Spinat, das sieht manierlich aus, schmeckt lecker und ist gesund. Das gefräßige Schweigen wird erst nach einiger Zeit von Vreni unterbrochen: „Marco, wo und was arbeitest du denn? Klaus hat mir gesagt, daß du uns bei der Lösung unserer Probleme helfen könntest." „Lösen müßt ihr eure Probleme schon selbst! Aber vielleicht kann ich euch einen brauchbaren Ansatz zeigen, mit dem man die Steuerung einer Serienfertigung in den Griff bekommen kann", sagt er. „Ich arbeite bei Kolbenkrauss, einem großen Zulieferunternehmen. Wir beliefern die meisten Automobilhersteller mit Kolben, wie der Namen schon sagt. Ich selbst bin im Vorstand für die Fertigung und Logistik verantwortlich und habe mich wahrscheinlich schon mit ähnlichen Problemen befaßt, wie ihr sie habt." „Wow, dafür machst du einen ganz normalen Eindruck. In meiner früheren Firma hatten wir auch Vorstände. Und die sind immer mit der Nase an der Decke herumgelaufen, so, als wären sie etwas besonderes." Vreni ist sichtlich begeistert von meinem Vater. „Und was ist denn deine Aufgabe?" fragt Vater zurück. „Ich bin verantwortlich für die Disposition in unserem Segment Schalter", antwortet sie, „Ich habe noch drei Mitarbeiter, und so steuern wir die gesamte Produktion." „Das gibt es aber selten, daß so eine junge Dame verantwortlich für einen Bereich ist", bemerkt mein Vater anerkennend. „Ich muß dafür auch sehr hart arbeiten; aber das macht mir Spaß", meint sie begeistert. „Für mich gilt da immer der Leitspruch aus meinem Kalender!" „Wie lautet denn der?" meldet sich Melitta zu Wort. „Was immer Frauen auch tun, sie müssen alles doppelt so gut machen wie ein Mann, wenn sie nur für halb so gut gelten wollen.", sagt Vreni stolz. Nach einer kurzen Pause legt sie nach: „Glücklicherweise ist das nicht schwer." Schallendes Gelächter. „Von wem ist denn dieser Spruch?" kriegt sich Melitta als erstes wieder ein, „Den muß ich mir merken!" „Von einer kanadischen Politikerin, Charlotte Whitton. Ich finde ihn wirklich gelungen", sagt Vreni.

Das Essen ist beendet und das schmutzige Geschirr in die Spülmaschine verfrachtet. Wir gehen noch ein bißchen auf den Balkon um kräftig durchzuatmen. „Wir könnten uns doch etwas warmdiskutieren, dann sind wir nachher richtig im Thema, wenn es um den Ansatz geht", beginne ich das Gespräch. „Das ist eine gute Idee! Ich finde, Vreni sollte beginnen", meint mein Vater, „Sie weiß bestimmt am besten Bescheid." Vreni läßt sich nicht zweimal bitten und schießt los: „Wir steuern das Unternehmen heute mit den zwei bekannten Steuerungskonzepten MRP und Kanban. In meinem Bereich benutzen wir die MRP-Philosophie, was so leidlich funktioniert. Aber wir haben zwei Problemkreise, die wir irgendwie nicht lösen können. Der eine Problemkreis sind die dauernden Abrufschwankungen durch die Kunden. Manchmal denke ich, daß dort die linke Hand nicht weiß, was die rechte tut. Teilweise bekommen wir am Vorabend per Anruf mitgeteilt, was wir am nächsten Tag schlußendlich ausliefern sollen. Solche Änderungen können wir mit unserem Systen gar nicht abbilden, denn zum Zeitpunkt des ursprünglichen Abrufes gehen die Fertigungsaufträge raus in die Produktion, und um diese zu ändern, da bräuchte ich wohl bis in die Nacht." „Das verstehe ich. Mit diesem Problem kämpft die Zulieferindustrie schon seit Jahren, aber das scheint ein Sachzwang zu sein, mit dem wir leben müssen", unterbricht mein Vater, „Ich kenne einen Hersteller, dessen Feinplanung in einem ganz anderen System abgewickelt wird als die Grobplanung. Und ich habe den Eindruck, daß diese beiden Systeme absolut isoliert ablaufen und von völlig unterschiedlichen Menschen bedient werden." „Ja, aber das heißt, daß wir die Steuerung nie in den Griff bekommen. Denn heute schleuse ich diese kurzfristigen Änderungen nur mündlich in die Fertigung. Und das Resultat ist: Die Lagerbestände sind zweifelhaft, die nächste Planung ist fraglich, und, und, und,... So ein richtiger Teufelskreis, das 'Katze beißt sich in den Schwanz' - Spiel." Das letzte Fünkchen Hoffnung ist aus Vrenis Stimme gewichen. Ich führe mir das Dilemma im Segment Schalter vor Augen. Ich kann mich des Gedankens nicht erwehren, daß wir auf einem Pulverfaß sitzen und gerade jemand die Zündschnur angesteckt hat. „Warum ist das alles so kompliziert?" frage ich gedankenverloren. Im Geist stehe ich im Büro von Klingenfels und betrachte die Produktion unter mir. Jede Sekunde passieren da tausenderlei Dinge gleichzeitig. Wie komplex eine solche Fertigung aufgebaut ist, das macht einen regelrecht schwindelig. Und dann noch die Abrufschwankungen. Wie soll das überschaubar gesteuert werden? Da verstehe ich Vreni voll und ganz.

Vater läßt das Gesagte erst einmal im Raum stehen, da Vreni fortfährt: „Das ist noch längst nicht alles. Unser zweiter Problemkreis scheint mir noch gravierender als der erste zu sein. Denn ohne uns Disponenten läuft gar nichts in der Produktion. Die Leute in der Fertigung scheinen alle zu blöd zu sein, um ihre Probleme selbst zu lösen. Bei der kleinsten Schwierigkeit kommen sie sofort angerannt und fragen, was sie jetzt tun sollen. Und wenn sie mal nicht fragen, dann merken wir spätestens im Versand, daß die falschen Teile produziert wurden. Dieses Problem wird dadurch verschärft, daß wir in der Endmontage ohne Lagerbestand arbeiten. Inzwischen kann ich nicht mal mehr in Ruhe Urlaub zu Hause machen, weil ich sonst die Hälfte der Zeit am Telefon hänge."

„Und warum ist das so?" fragt mein Vater trocken. „Wahrscheinlich, weil keiner mehr beim Arbeiten den Kopf einschaltet", meint Vreni schlagfertig. „Nein, da bin ich ganz anderer Meinung", sagt Vater, „Dazu muß ich aber ein bißchen ausholen." Wir setzen uns an den Balkontisch und schauen in die Ferne. Eine frische Frühjahrsbrise streicht um meine Nase. Ich hätte nicht geglaubt, daß man hier in der Großstadt förmlich die Blüten riechen kann.

„Wir, hier in Deutschland, leben in einer Freizeitgesellschaft", setzt Vater an, „Durch unser soziales Netz ist die materielle Lebensgrundlage abgesichert. Und wie sagte schon Aristoteles: Sobald der Mensch Hunger und Durst gestillt hat, sucht er vor allem das Glück. Übertragen auf unser heutiges Leben in Deutschland bedeutet das: Wir müssen für die Arbeitnehmer ein Arbeitsumfeld schaffen, in dem sie den Freiraum zur Selbstentfaltung haben." „Ja, aber das haben wir doch gemacht", wirft Vreni ein, „Wir haben die Verantwortung in die Produktion verlagert, einzelne Kundenlinien aufgebaut und trotzdem klappt es nicht." „Mir scheint, daß ihr das Wesentliche vergessen habt: Denn zur Verantwortung gehört auch die Kompetenz", sagt Vater. „Es haben aber alle zugestimmt!" Vreni läßt nicht locker. „Das glaube ich gern. Das Problem ist nur, daß ihr wahrscheinlich noch nach den verkrusteten Steuerungsprinzipien arbeitet, die schon seit Jahr und Tag in den Unternehmen praktiziert werden. Das ist kein Vorwurf an euch persönlich, sondern an die Vordenker der Nation. Meistens hört man heute an den Universitäten ausschließlich die klassische Methode der Betriebsorganisation. So fällt es natürlich doppelt schwer, neue Denkansätze in die Unternehmen zu tragen."

Das ist harter Tobak. Aber bevor ich weiter darüber nachdenken kann, legt mein Vater nach. Er kommt jetzt in Fahrt und packt seine Schätze langsam aus. „Habt Ihr euch schon mal unsere Gesellschaft so richtig betrachtet? Da gibt es Leute, die am Band Tag für Tag, streng nach Anweisung, schichten. Und wenn man die selben Leute am Wochenende beim Spaziergang trifft, stellt man fest, daß sie bei einer Kleingärtnervereinigung im Vorstand sind, ihren Garten liebevoll pflegen und für den ganzen Verein Feste organisieren. Von der Planung bis zur Durchführung, also vom Marketing bis zur Auslieferung. Dieses Potential bleibt für die Firma nach heutigen Steuerungsgesichtspunkten völlig im Verborgenen. Und das ist kein Einzelfall. Denn als mir das aufgefallen ist, habe ich eine Umfrage im Unternehmen gestartet und die Leute nach ihren Hobbies befragt. Das Ergebnis war verblüffend. Bestimmt dreißig Prozent der Arbeitnehmer haben in ihrer Freizeit Freude am Organisieren, sei es im Sportverein, beim Hausbau oder ganz einfach im eigenen Garten. Und am Arbeitsplatz handeln sie nur nach Anweisung, das ist doch unglaublich."

Mir kommt es vor, als sei in ihm ein Stein zum Rollen gekommen, der unaufhörlich an Geschwindigkeit zunimmt. Er läßt sich gar nicht mehr bremsen und redet munter weiter: „Die ganze Diskussion über den zu teuren Standort Deutschland hängt mir langsam zum Hals heraus. Klar sind die Löhne und Gehälter zu hoch, wenn ich das Können der Menschen nur zu wenigen Prozent nutze. Natürlich ist die Krankheitsrate bei annähernd zehn Prozent, wenn die Leute ohne Motivation ihre Arbeit ausführen. Da nimmt es mich wenig Wunder, wenn die neunmal klugen Manager die Produktionsstätten ins Ausland verlegen. Da kann man ja noch richtig herumdirigieren und muß sich nicht auf die Mitarbeiter einstellen Daß das keine langfristige Lösung ist, scheinen sie nicht zu kapieren. Die Herren sollten darüber nachdenken, was passiert, wenn zum Beispiel die Logistikkosten steigen. Außerdem sinkt mit der Abwanderung von Industrie auch die Kaufkraft in unserem Land, und wer soll dann all' die schönen Produkte kaufen. Vielleicht fällt ihnen ja doch noch ein, daß sie das Potential im Unternehmen nutzen müssen! Und da sind wir bei eurem Problem: Wie kann ich Menschen motivieren, die Unternehmensziele mitzutragen? Dann sind nämlich die Leute in der Fertigung auf einmal nicht mehr zu blöd um 'ihre' Probleme zu lösen. Denn bisher sind es noch deine Probleme, Vreni. Du steuerst sie nämlich mit ganz genauen Anweisungen. Und das bedeutet, wenn ein Problem auftritt kommen die Leute völlig berechtigt auf dich zu, denn letztendlich dürfen sie nichts entscheiden."

Jetzt ist der Stein doch noch gestoppt. Vater schaut in die Runde. Einige Schweißperlen stehen ihm auf der Stirn, sein Vortrag hat ihn erhitzt. Bei mir stellt sich das Gefühl ein, daß es sich bei dem Gesagten um einen Zug handelt, der den Bahnhof verläßt und auf den man aufspringen muß, bevor er fort ist. Vreni scheint die Sache schon begriffen zu haben und fragt vorsichtig nach: „Marco, du meinst, unser MRP-Ansatz ist völlig falsch?" „Genau, das meine ich.", freut er sich, „Der MRP-Ansatz basiert auf Anweisungen in Form von Fertigungsaufträgen. Diese Art der Steuerung ist starr und reagiert völlig unflexibel auf kurzfristige Anforderungen. Bei häufigen Abrufänderungen, die gerade bei Zulieferunternehmen auftreten, muß ein System schnell und flexibel alle Personen, die am Prozeß beteiligt sind, informieren." Nach einer kurzen Pause fährt er fort: „Viele Unternehmen versuchen, diese Rahmenbedingungen durch eine noch genauere und detailliertere Planung zu berücksichtigen. Dazu kaufen sie dann einen Fertigungsleitstand, mit dem sie nichts anderes erreichen, als die Probleme zu zementieren. Meiner Meinung nach haben diese Systeme in einer Serienfertigung nichts verloren, denn der MRP-Grundansatz bleibt erhalten. Je präziser die Planung, desto härter trifft einen der Zufall. Diesen Satz solltet ihr euch merken. Selbstverantwortung und Selbstorganisation sind die Maxime, die in einer Unternehmensorganisation durchgesetzt werden müssen."

Vreni überlegt laut: „Dann wäre ja der Kanban-Ansatz genau die richtige Steuerungsmethode! Jedoch haben wir auch dort ein Phänomen, das wir nicht beherrschen. Diese Steuerungsform braucht anscheinend einen gewissen Lagerbestand, um zu funktionieren. In der Praxis steuern wir heute unsere Vorfertigung und das Segment Aschenbecher/Blenden über Kanban. Das Interessante ist: In der Vorfertigung funktioniert es wirklich ausgezeichnet, das muß man neidlos anerkennen. Dort können wir uns einen gewissen Lagerbestand erlauben, denn die Wertschöpfung ist relativ gering. Jedoch im Segment Aschenbecher/Blenden ist das nicht möglich. Denn auf der einen Seite die Disposition abbauen und auf der anderen Seite Lagerbestand aufbauen, das kann nicht die Lösung sein." „Warum habt ihr dort so hohe Lagerbestände?", fragt Vater. Jetzt muß ich auch mal was sagen, sonst bin ich völlig aus der Diskussion: „Weil wir hier ebenfalls mit den Abrufschwankungen kämpfen müssen. Und das funktioniert mit Kanban nicht. Denn Kanban kennt die Zukunft nicht. Diese Schwankungen können wir nur über die Anzahl der Behälter in den Griff bekommen, und das bedeutet leider Lagerbestand."

„Das stimmt. Ihr seid in eurer Analyse schon sehr weit vorgedrungen. Habt ihr euch schon mal mit dem Fortschrittszahlenkonzept befaßt?" fragt mein Vater. Jetzt sind wir soweit wie am Anfang. „Deshalb sind wir doch hergekommen.", sage ich. Ich schaue meinen Vater ungläubig an. Sag bloß, er weiß nicht, warum ich hier bin. Hier geht es nicht um einen Familienausflug, sondern um die knallharten Probleme unserer Fertigungssteuerung. Er überlegt und schaut auf die Uhr. „Seid Ihr heute abend da, wenn unser Besuch kommt? Wir haben zwei Ehepaare eingeladen." „Wenn sie nicht beißen", erwidere ich, „Warum fragst du?" „Ich werde ein Spiel vorbereiten, damit Ihr seht, wie man mit Fortschrittszahlen steuern kann. Die Vorbereitung schaffe ich noch, wenn ich mich gleich hinsetze. Also bis nachher." Vater steht ohne ein weiteres Worte auf und geht hinein. Die Idee ist gut: spielerisch die Lösung finden. Es ist jetzt schon siebzehn Uhr, also entscheiden sich Vreni und ich für einen kleinen Spaziergang. Im Park, hinter dem Haus, können wir uns die Füße vertreten.

Der Besuch ist da. Wir sitzen an dem großen rechteckigen Tisch, an dem wir schon das Mittagessen eingenommen haben. Vreni sitzt mir gegenüber, und neben jedem von uns ein Ehepaar. Die vier Gäste sind langjährige Bekannte von Melitta und Vater. Heute abend stand eigentlich die gemeinsame Urlaubsplanung auf dem Programm, aber Vater hat sie schon auf das neue Thema eingestimmt. Und alle sind damit einverstanden, daß wir heute abend spielen. Doch zuerst ist Essen angesagt.

Als wir uns den Magen mit all' den Köstlichkeiten, wie Pastete, Kaviar und anderen leckeren Dingen vollgeschlagen haben, steht mein Vater auf. Er marschiert in sein Zimmer, aus dem er mit einem Flip-Chart bewaffnet wieder auftaucht. Dieses stellt er an die Stirnseite des Tisches – so, daß alle gut draufschauen können. „Das brauchen wir nachher!", und schon ist er wieder weg. Bepackt mit einem Paket Kopierpapier, sieben Stiften und einigen Spielanleitungen steht er jetzt vor uns. Die Anleitungen verteilt er an alle.

„Zuerst müssen wir den Tisch aufräumen, denn wir simulieren heute eine Produktion. Genau gesagt, wir produzieren Papierflieger", erklärt Vater. „Das habe ich bestimmt schon seit vierzig Jahren nicht mehr gemacht", meint mein Nachbar. „Dann wird's aber Zeit!", schmunzelt seine Frau, „Die Enkel werden's dir danken." Melitta, Vreni und ich beschäftigen uns mit dem Abräumen. Während des Abwasches höre ich, wie eine Frau sagt: „Das ist ja die reinste Papierverschwendung!" Wahrscheinlich hat sie die Anleitung überflogen und nun den ganzen Wald vor Augen, der wegen unseres Spiels abgeholzt werden muß. „Laß nur, Gerda. Das ist heute eine Ausnahme; die jungen Leute wollen lernen, wie man eine Serienfertigung steuert", höre ich meinen Vater.

Als wir zurückkommen starren die anderen auf Vater. Er schließt seine Vorbereitungen ab, und nun sitzen wir alle wieder am Tisch. Zuerst faltet Vater drei Blätter so geschickt, daß am Ende Papierflieger entstehen. Nachdem er die Flügel beschriftet hat, meint er: „Das sind die drei Modelle, die es zu fertigen gilt." Er reicht die Flugzeuge in der Runde herum. „Das bekomme ich ja nie hin", stößt Gerda's Mann hervor. Die Weisheit scheint der nicht gerade mit Löffeln gefressen zu haben. „Für das Spiel brauchen wir alle anwesenden Personen. In der Produktion arbeiten Sechs, einer ist Disponent und ich übernehme die Spielleitung", setzt Vater an. „Ich schlage Vreni als Disponenten vor. Sie hat die meiste Erfahrung", sage ich. „Ganz meiner Meinung. Dann sieht sie am besten, wo der Unterschied liegt", ergänzt Vater, „Aber jetzt sollten sich alle zuerst die Beschreibung anschauen."

'Vergleichende Simulation Werkstattsteuerung - Fortschrittszahlensteuerung', ich lese mir die Unterlagen aufmerksam durch.

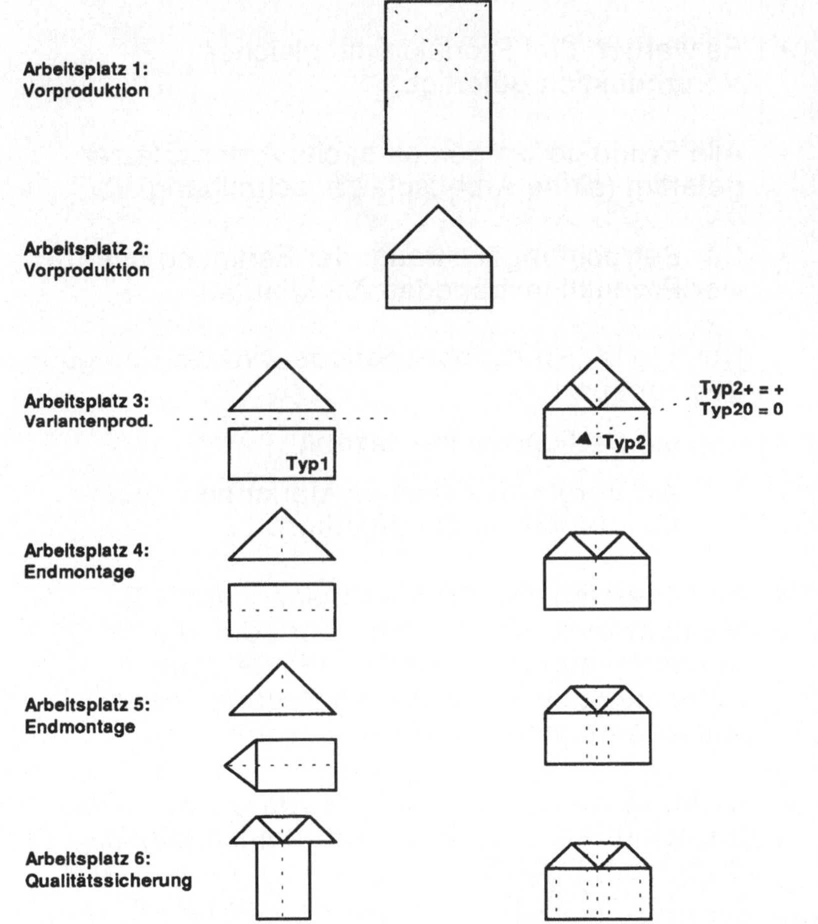

Vergleichende Simulation: Arbeitsplatzbeschreibung

Vergleichende Simulation

Werkstattsteuerung <--> Fortschrittszahlensteuerung

Spielanleitung allgemein

- Es werden drei Produkte mit gleicher Vorproduktion gefertigt.

- Alle Produkte werden an sechs Arbeitsplätzen gefertigt (siehe Arbeitsplatzbeschreibung).

- Der Betrachtungszeitraum der Fertigung umfaßt vier Produktionsperioden à 2 Minuten.

- Nach jeder Produktionsperiode wird die Fertigung gestoppt und

    - die Fertigprodukte gezählt

    - ein Vergleich zwischen Marktbedarf und Markterfüllung durchgeführt.

- In den ersten drei Produktionsperioden à 2 Minuten wird zweimal disponiert, d.h. die Fertigung produziert nach 1 Minute - bei Fertigmeldung des aktuellen Bedarfs - nach Vorschaumengen.

- In der vierten Produktionsperiode werden ausschließlich die aktuellen Bedarfsmengen disponiert. Sind diese Mengen vor Ablauf der 2 Minuten erfüllt, dann stoppt die Produktion.

Vergleichende Simulation

Werkstattsteuerung <--> Fortschrittszahlensteuerung

Spielanleitung Werkstattsteuerung

- ## Aufgabenstellung Disponent

  Mit Übergabe des ersten Kundenauftrags an den Disponenten
  beginnt die erste Produktionsperiode der Simulation. Addieren
  Sie die aktuelle Bedarfsmenge für alle Typen und erteilen
  einen Fertigungsauftrag über die ermittelte Menge an die
  Arbeitsplätze 1 und 2 . Erteilen Sie 3 Fertigungsaufträge getrennt nach Typ1, Typ2+, Typ20 an die Arbeitsplätze 3 bis 6.
  Verfahren Sie in gleicher Weise für die Vorschaumengen. Für
  die erste Produktionsperiode müßten also 8 Fertigungsaufträge
  erstellt werden.
  Nach Ablauf der Produktionsperiode wird die Fertigung gestoppt. Nach Auswertung des Zwischenstandes erhalten Sie
  den nächsten Kundenauftrag, womit die nächste Produktionsperiode beginnt.
  Erstellen Sie zunächst Fertigungsaufträge, für die Fälle, in
  denen der aktuelle Bedarf der laufenden Periode über der
  Vorschaumenge der letzten Periode liegt. Erstellen Sie diese
  Fertigungsaufträge nur über den Mehrbedarf. Erstellen Sie
  dann 4 Fertigungsaufträge über die Vorschaumengen der
  laufenden Periode. Diese können Sie um Überhänge aus der
  letzten Periode vermindern. Bei Bedarf können Sie Fertigungsaufträge auch stückeln, wenn dies zu einem besseren
  Durchsatz führt.

- ## Aufgabenstellung Arbeitsplätze

  Bei der Werkstattsteuerung produzieren Sie an Arbeitsplatz 1
  und 3 immer dann, wenn Sie vom Disponenten einen Auftrag
  erhalten. Arbeiten Sie die Fertigungsaufträge in der Reihenfolge des Eingangs ab. Führen Sie auf dem Fertigungsauftrag
  eine Strichliste über die bereits produzierten Teile. Wenn ein
  Fertigungsauftrag erledigt ist, geben Sie ihn an den Disponenten zurück. An den Arbeitsplätzen 2, 4, 5 und 6 produzieren
  Sie immer dann, wenn Sie von Ihrem Vorgänger das Material
  erhalten.

Vergleichende Simulation: Spielanleitung Werkstattsteuerung 1

Vergleichende Simulation

Werkstattsteuerung <--> Fortschrittszahlensteuerung

Spielanleitung Werkstattsteuerung

- Ablauf in der Fertigung

    1 Der Disponent erhält mit Beginn der ersten Periode die aktuellen Bedarfsmengen und die Vorschaumengen.

    2 Der Disponent erstellt mit den aktuellen Bedarfsmengen vier Fertigungsaufträge

    » **Fertigungsauftrag 1 (FA gesamt)**
    Fertigungsauftrag mit Gesamtmenge für die Vorproduktion aller Varianten (Einsteuerung an Arbeitsplatz 1)

    » **Fertigungsauftrag 2 (FA Typ1)**
    Fertigungsauftrag für die Variante Typ1 (Einsteuerung an Arbeitsplatz 3)

    » **Fertigungsauftrag 3 (FA Typ2+)**
    Fertigungsauftrag für die Variante Typ2+ (Einsteuerung an Arbeitsplatz 3)

    » **Fertigungsauftrag 4 (FA Typ20)**
    Fertigungsauftrag für die Variante Typ 20 (Einsteuerung an Arbeitsplatz 3)

    3 Sofort nach Ausgabe der einzelnen Fertigungsaufträge beginnt die Produktion. An den Arbeitsplätzen 1 und 3 werden die Fertigungsaufträge entlastet, d.h. Strichlisten geführt und bei Vollzug eines Auftrags an den Disponenten zurückgegeben.

Vergleichende Simulation: Spielanleitung Werkstattsteuerung 2

Vergleichende Simulation

Werkstattsteuerung <--> Fortschrittszahlensteuerung

Spielanleitung Werkstattsteuerung

* Ablauf in der Fertigung (Fortsetzung)

  4 Nach 1 Minute werden weitere vier Fertigungsaufträge mit den Vorschaumengen in die Fertigung eingesteuert.

  5 Nach Ablauf der 2 Minuten wird die Produktion gestoppt und der Zwischenstand ausgewertet.

  6 Mit Beginn der 2. Periode werden die aktuellen Bedarfe der 2.Periode mit den bereits eingesteuerten Vorschaumengen der 1.Periode verrechnet und entsprechende Fertigungsaufträge an die Arbeitsplätze 1 und 3 gegeben.

  Bei allen weiteren Perioden wird entsprechend verfahren.

Vergleichende Simulation

Werkstattsteuerung <--> Fortschrittszahlensteuerung

Spielanleitung Fortschrittszahlensteuerung

- ## Aufgabenstellung Disponent

  Mit Übergabe des ersten Kundenauftrags an den Disponenten beginnt die erste Produktionsperiode der Simulation.

  In das FZ-Dispositionsformular, das Sie an einem für alle Arbeitsplätze gut sichtbaren Ort angebracht haben, tragen Sie zuerst die aktuellen Bedarfsmengen von Typ1, Typ2+ und Typ20 ein. Nach dem Addieren dieser drei Mengen schreiben sie das Resultat in die Spalte Gesamt. Die Vorschaumengen addieren Sie getrennt nach Typ1, Typ2+ und Typ20 auf die bestehenden Bedarfsmengen und notieren das Ergebnis in die Vorschau-FZ. Nach Addition der drei Vorschau-Fortschrittszahlen tragen Sie das Resultat in die Spalte Gesamt ein.

  Nach Ablauf der Produktionsperiode wird die Produktion ge-stoppt. Nach Auswertung des Zwischenstandes erhalten Sie den nächsten Kundenauftrag, womit die nächste Produktions-periode beginnt.

  Auf dem Dispositionsformular für die neue Periode sind folgende Eintragungen vorzunehmen: Addieren Sie getrennt nach Typ1, Typ2+ und Typ20 die aktuelle Bedarfs-FZ der letzten Produktionsperiode mit der aktuellen Bedarfsmenge des neuen Kundenauftrages. Tragen Sie das Ergebnis auf dem neuen Dispositionsformular als aktuelle Bedarfs-FZ ein. Summieren Sie die drei Werte und schreiben das Ergebnis in Spalte Gesamt. Addieren Sie auf die Bedarfs-FZ von Typ1, Typ2+ und Typ20 die Vorschaumengen des neuen Kunden-auftrages und notieren das Ergebnis als Vorschau-FZ. Danach summieren Sie diese Werte und tragen das Resultat in Spalte Gesamt ein.

  Verfahren Sie für die weiteren Produktionsperioden in gleicher Weise.

Vergleichende Simulation

Werkstattsteuerung <--> Fortschrittszahlensteuerung

Spielanleitung Fortschrittszahlensteuerung

• Aufgabenstellung Arbeitsplätze

Bei der Fortschrittszahlensteuerung führen die Arbeitsplätze 1 und 2 für alle produzierten Teile eine Strichliste Gesamt. Die Arbeitsplätze 3 bis 6 führen für alle produzierten Teile eine Strichliste getrennt nach Typ1, Typ2+ und Typ20.

Produzieren Sie dann, wenn der Wert Ihrer Strichliste (Ist-FZ) kleiner ist als der vom Disponenten angezeigte Wert (Soll-FZ). Wenn für mehrere Typen Bedarf besteht, produzieren Sie den Typ mit dem höheren Bedarf. Wenn Sie für einen Typ kein Vormaterial zur Verfügung haben, produzieren Sie einen anderen Typ, bis Sie wieder Vormaterial für den Typ mit dem höheren Bedarf bekommen.

Der Disponent zeigt die Soll-Fortschrittszahlen getrennt nach aktuellem Bedarf und Vorschaubedarf an. Orientieren Sie Ihre Produktion bis zur vollständigen Erfüllung an den aktuellen und dann erst an den Vorschau-Fortschrittszahlen.

Vergleichende Simulation

Werkstattsteuerung <--> Fortschrittszahlensteuerung

Spielanleitung Fortschrittszahlensteuerung

- Ablauf in der Fertigung

  1 Der Disponent erhält mit Beginn der ersten Periode die aktuellen Bedarfsmengen und die Vorschaumengen.

  2 Die Bedarfe werden in das Dispositionsformular eingetragen und an einem für alle Arbeitsplätze gut sichtbaren Ort angebracht.

  3 Nach der ersten Minute jeder Produktionsperiode trägt der Disponent die Vorschaumengen in das Dispositionsformular ein. Hierbei werden die Vorschaumengen den aktuellen Bedarfs-Fortschrittszahlen addiert und als Vorschau-Fortschrittszahlen ausgewiesen.

  4 Nach Ablauf der 2 Minuten wird die Produktion gestoppt und der Zwischenstand ausgewertet.

  5 In der zweiten und jeder weiteren Produktionsperiode werden die Kundenbestellungen den Bedarfs-Fortschrittszahlen der vorherigen Periode addiert und als aktuelle Bedarfs-Fortschrittszahl ausgewiesen.

Bei allen weiteren Perioden wird entsprechend verfahren

Vergleichende Simulation: Spielanleitung Fortschrittszahlensteuerung 3

Die Bauanleitung für die Papierflieger hat Vater in der Zwischenzeit auf dem Flip-Chart nachgezeichnet. Er reißt das Blatt ab und heftet es an Wand hinter dem Flip-Chart – aber so, daß man es noch gut sehen kann. Als ihn alle anschauen, sagt er: „Welche Fragen kann ich euch zur Anleitung beantworten?" Mein Nachbar meldet sich sogleich zu Wort; ich jedoch schalte ab. Welches Ergebnis werden wir bei diesem Spiel erreichen? Je mehr ich darüber nachdenke, desto unschlüssiger werde ich.

Nachdem alle Fragen beantwortet sind, wird die Produktion eingerichtet. Vreni sitzt an der Stirnseite vor dem Flip-Chart und ist mit einem Stift und den Vordrucken für Fertigungsaufträge ausgerüstet. Mein Vater steht, mit der Stoppuhr in der Hand. Gerda und ihr Mann sind für die Vorproduktion verantwortlich. Ein Stift und das Paket mit dem Kopierpapier liegt bei Gerda. So kann sie kontrollieren, wieviel Wald für unser Spiel geopfert werden muß. Ich bin für die Variantenfertigung zuständig und habe ebenfalls einen Schreiberling. Mein Nachbar und seine Frau bilden die Endmontage ab und zu guter Letzt sitzt Melitta. Sie übernimmt die Qualitätssicherung und soll die Flieger zum Jungfernflug starten.

„Wir beginnen mit der Werkstattsteuerung", sagt mein Vater, „da bist du ja zu Hause, Vreni." „Ich glaube wir brauchen eine Proberunde, damit jeder weiß, welche Arbeitsgriffe er zu leisten hat", werfe ich ein. Das ist gut so. Nachdem der erste Flieger von Gerda gefaltet ist und schließlich bei mir ankommt, stelle ich fest, daß mein Produktionsmittel 'Schere' fehlt. Vater greift hinter sich und reicht mir eine. Und schon geht's weiter. Nach dem dritten Flugzeug beherrschen alle ihre Handgriffe. Melitta läßt die Flieger durch's Wohnzimmer gleiten; einer versteckt sich prompt hinter der Lautsprecherbox.

So, jetzt wird's ernst. Vater drückt die Stoppuhr und übergibt an Vreni die Bedarfs- und Vorschaumengen für die erste Periode. Vreni löst sofort die Fertigungsaufträge über die Bedarfsmengen aus. Gerda startet mit dem ersten Auftrag die Vorproduktion und faltet eifrig. Nach jedem gefalteten Blatt macht sie pflichtbewußt einen Strich auf dem Fertigungsauftrag. Ihr Mann wartet nur darauf, daß Gerda ihre Produkte weitergibt, führt seinen Arbeitsgang durch und legt die fertigen Vorprodukte bei mir auf einem Stapel ab. Ich lege mir den ersten Fertigungsauftrag vom Typ1 zurecht und schneide vorschriftsmäßig den Flieger durch. Dann beschrifte ich und gebe den Flieger weiter. Schon signalisiert Vater, daß die erste Minute vorbei ist. Vreni übergibt die Fertigungsaufträge mit den Vorschaumengen. Parallel dazu gebe ich ihr den ersten abgeschlossenen Auftrag zurück. Durch das ganze Auftragshandling komme ich nicht so recht mit meinem Arbeitsgang in Schwung. Mein Nachbar sitzt wie auf Kohlen und wird schon mürrisch, daß er nichts zu tun hat. Ich sehe, wie Melitta den ersten Flieger startet. Die Endmontage bearbeitet Typ2+, als Vater die Periode beendet. Das ist ärgerlich, da ich jetzt gerade im richtigen Tritt bin. Das Ergebnis spiegelt meine Befürchtung wider. Wir sind meilenweit vom Plan entfernt. Ein einziger Flieger hat die Qualitätssicherung passiert. Und ich habe erst zwei Fertigungsaufträge abgeschlossen. Vom Typ20 haben wir noch kein Stück angefangen.

Wir sind der Meinung, daß wir nun richtig Gas geben müssen. Auch Vater feuert uns an. Mit Start der zweiten Periode kommt Vreni ins Stocken, denn nun muß sie die alten Vorschaumengen mit den aktuellen Bedarfsmengen verrechnen und neue Fertigungsaufträge auslösen. Der Produktion ist das egal. Wir haben ja noch vier alte Fertigungsaufträge. Diese müssen als erstes abgearbeitet werden. Ich komme so richtig in Schwung und produziere Typ20 wie der Teufel. Mein Nachbar honoriert meinen Einsatz mit einem: „Jetzt geht's los!" Das macht Freude. Dieses Modell habe ich im Griff, hier geht es endlich um Stückzahl: Fünf ist die Vorgabe. Gerda scheint ebenfalls alles unter Kontrolle zu haben. Aber sie hat es ja viel einfacher. Weniger Fertigungsaufträge, keine Varianten. Ich merke das auch, bei mir stapeln sich die Vorprodukte. Vreni ist gerade mit dem Verteilen der neuen Fertigungsaufträge fertig, als mein Vater den zweiten Teil der Periode einläutet. Von ihr hört man gar nichts – das wundert mich, normalerweise gibt sie immer das Kommando an. Ich bin mitten am Basteln, als ein zaghaftes Stimmchen in meinem Kopf die Frage stellt: Wo stehen wir gerade mit Typ20? Zu spät, vor lauter Euphorie habe ich zuviel produziert. Ich überlege, ob ich irgendwelche Flieger zurückholen kann. Einer liegt bei meinem Nachbarn, den schnappe ich mir und mache statt des '0' ein '+' auf den Flügel. Die Anderen haben leider ihren Jungfernflug schon hinter sich. Ich bin etwas stinkig: Warum hat das keiner von den Drei nach mir bemerkt? Bevor ich mich jedoch so richtig aufregen kann, fällt mir auf, daß sie gar keine Möglichkeit haben, das zu kontrollieren. Sie sollen ja nur das produzieren, was bei mir rauskommt. Ich werfe den Fertigungsauftrag bei Vreni auf den Stapel und beginne mit dem nächsten. Typ1 ist gefragt. Also lege ich los.

Vater stoppt die Periode und wir zählen. Es sieht gar nicht so schlimm aus, wie ich befürchtet habe. Vom Typ20 haben wir zwar zuviel, aber wenn man die Sollmengen von Runde1 und 2 zusammenzählt, dann haben wir die richtige Gesamtmenge. Die kurzfristige Änderung von Typ20 auf Typ2+ habe ich vernachlässigt. Ist ja eh' nur ein Stück, das kann man ja getrost vergessen.

Wir beginnen mit Periode drei. Ich arbeite weiter an Typ1. Die Endmontage ist schneller als ich. „Sie müssen etwas schneller arbeiten!" sagt mein Nachbar. Ich habe eine scharfe Antwort auf der Zunge, halte mich aber zurück. Ich falte und schreibe mit erhöhter Geschwindigkeit, das reduziert den Adrenalinausstoß.

Dummerweise habe ich den Stapel mit Fertigungsaufträgen durcheinandergebracht. Jetzt ist keine Zeit, diesen zu ordnen. Also arbeite ich in der neuen Reihenfolge. Wenigstens ist jetzt die Endmontage zufrieden.

Die Pause nutzen wir zum Durchatmen und trinken einen Schluck. Gott sei Dank, die letzte Periode. Wir hängen uns nochmal kräftig rein. Der Stapel von Fertigungsaufträgen wird zwar nur langsam weniger, aber der Ausstoß stimmt. Die Endmontage stänkert nicht mehr und die Papierflieger düsen nur so im Wohnzimmer rum. Melitta ist ganz glücklich. Von Vreni hört man noch immer nichts. Gerda ist fertig und schaut belustigt in die Runde. Die fertiggemeldeten Aufträge schmeiße ich nur so über den Tisch, was Vreni mit einem bösen Blick quittiert. Es sind einige zuweit geflogen, und sie muß sich bücken.

Vater erlöst uns von dem Treiben. Wir waren nicht schlecht. In der letzten Runde haben wir fünfzehn Flieger produziert; das ist doch was. Das Resultat steht fest. Vater trägt das Ergebnis der letzten Periode in die Gesamtübersicht ein. Wir betrachten schweigend die Aufstellung.

| | Runde 1 Werkstattsteuerung | | | | | | | |
| | Typ1 | | Typ2+ | | Typ20 | | Gesamt | |
	soll	ist	soll	ist	soll	ist	soll	ist
Periode 1	1	1	2	0	5	0	8	1
Periode 2	4	1	3	3	2	7	9	11
Periode 3	2	3	4	2	3	4	9	9
Periode 4	2	4	5	5	2	6	9	15
Gesamt	9	9	14	10	12	17	35	36

Ergebnis Runde 1 Werkstattsteuerung

Knapp daneben ist auch vorbei. Zwar stimmt die Gesamtstückzahl fast genau, jedoch haben wir bei Typ2 die falschen Modelle gefertigt. Vreni lacht mich an: „Klaus, es ist gut, daß du im normalen Leben nichts mit Produktion zu tun hast." Das Lachen soll ihr in der Kehle stecken bleiben. „Wahrscheinlich hast du die falschen Fertigungsaufträge ausgelöst", kontere ich sicher. Vreni nestelt in den alten Papieren. Belustigt schauen uns die anderen zu. „Da, schau mal! Du hast erstens die Reihenfolge nicht eingehalten und zweitens hast du auf dem Auftrag hier übermeldet." Klack, Klack – die Handschellen fallen ins Schloß, ich bin überführt. Keiner verteidigt mich. In meiner Magengrube macht sich plötzlich ein Gefühl breit, als wäre ich aus dem Flugzeug gesprungen und der Fallschirm geht nicht auf.

Von Melitta kommt unverhofft Hilfe: „Ich muß Klaus in Schutz nehmen. Er hat den kompliziertesten Arbeitsgang und parallel dazu hatte er noch 'zig Fertigungsaufträge zu bearbeiten." Das tut gut. Ich habe wieder Boden unter den Füßen und gelobe Besserung.

Doch bevor ich etwas sagen kann meldet sich Vater zu Wort: „Wir sollten jetzt nicht über das Ergebnis der ersten Runde diskutieren. Dazu bleibt nachher noch Zeit genug. Ich möchte jetzt mit dem zweiten Durchgang beginnen. Bitte davor alle bisher gebauten Flieger aus dem Spiel nehmen. Sonst verlieren wir den Überblick."

Ein lustiges Bild: Wir alle fangen an, nach verschollenen Flugzeugen zu suchen. Die unterschiedlichen Flugeigenschaften unserer Produkte haben bewirkt, daß die Flieger überall im Wohnzimmer verstreut wurden. Einer hängt sogar oben an der Lichtschiene, und keiner hat es im Eifer des Gefechts bemerkt. Wir sammeln alles auf. Vreni und Vater haben sich abgesetzt und scheinen am Flip-Chart die zweite Runde zu besprechen. Vater zeichnet eine Tabelle an die Tafel. Während er Vreni etwas erklärt, betrachte ich das Bild.

Periode __	Runde 2 Fortschrittszahlensteuerung			
	Typ1	Typ2+	Typ20	Gesamt
aktuelle Bedarfs-FZ				
Vorschau-FZ				

Tabelle Fortschrittszahlensteuerung

Sieht auf den ersten Blick komplizierter aus, als in der ersten Runde. Scheint aber übersichtlicher zu sein. Vorher hatten wir einzelne Aufträge mit nur einer Menge, und jetzt wird eine gesamte Periode auf einem Blatt dargestellt. Da muß man gewaltig umdenken, doch vor allem muß man mitdenken.

Als alle wieder sitzen und die Arbeitshaltung eingenommen haben, meint Vreni: „Die Vormontage soll sich an der Spalte gesamt orientieren und die anderen an den Spalten Typ1, Typ2+ und Typ20. In dieser Runde trage ich in jede Spalte die Zahl ein, die insgesamt produziert werden muß. Jeder soll für sich eine Strichliste führen, in der er die Stückzahl notiert, die er insgesamt produziert hat. In der Vormontage entsprechend der Spalte Gesamt, also über alle verschiedenen Varianten, und in der Variantenfertigung, Endmontage und der Qualitätssicherung getrennt nach den Varianten. Durch den Vergleich eurer Strichliste mit den Werten auf der Tafel, könnt ihr ausrechnen, was zu produzieren ist. Pro Periode benutze ich eine neue Tabelle."

Wir sind schon ganz heiß, als Vater endlich den Startschuß gibt. Vreni schreibt fix die Mengen auf, die Vater an sie übergibt. Es geht noch ziemlich ruhig zu. Gerda produziert mechanisch. Die ersten Vorprodukte kommen bei mir an. Wie steht es in der Spielanleitung? Zuerst die Varianten produzieren, bei denen die Differenz zwischen produzierter Menge und Bedarfsmenge am größten ist. Also Typ20. Falten, schreiben und Strich machen. Ich gebe den Flieger weiter. Und schon kommt das nächste Vorprodukt. Wieder Typ20. Die Anfangsprobleme aus der letzten Runde bleiben aus, denn die Handgriffe sitzen. Wir haben ja auch schon sechsunddreißig Flieger hinter uns. Noch zweimal produziere ich Typ20, als eine leise Anmerkung aus der Endmontage kommt: „Jetzt aber Typ2+!" Ganz blöd bin ich auch nicht. Das Schema habe ich drin. Klar ist bei Typ2+ die Differenz zwischen Produktionsmenge und Bedarfsmenge größer als bei Typ20. Ich wechsle die Variante und gebe das Teil weiter. „Das läuft ja prima", meint mein Nachbar anerkennend. Vreni hat in der Zwischenzeit die Vorschaumengen eingetragen. Das heißt, sie hat die Vorschaumengen auf die Bedarfsmengen addiert und als Vorschau-FZ in die Tabelle eingetragen. Wir sind aber noch bei den Bedarfsmengen, denn laut Spielanleitung darf man mit den Vorschaumengen erst beginnen, wenn die Bedarfsmengen abgearbeitet sind.

Die Periode wird beendet, die Flieger gezählt. Wir haben sieben produziert, was bedeutet, daß wir erheblich besser waren als in der ersten Runde. Aber wir wissen, das liegt nur an der Übung. Über eine Sache komme ich jedoch ins Grübeln. Die Endmontage hat das erste Mal eine qualifizierte Anforderung an mich gestellt. In der letzten Runde hieß es immer nur schneller, was mich schließlich durcheinander gebracht hat, und diesmal hat mein Nachbar gesagt, er brauche jetzt Typ2+. Wir werden sehen, ob sich diese Erkenntnis bestätigt. Vater läutet die nächste Runde ein.

Vreni addiert die neuen Bedarfszahlen auf die Bedarfszahlen aus Periode eins und beginnt eine neue Tabelle. Das geht ganz fix. Wir produzieren, und Vrenis Augen leuchten auf. Ich glaube, sie hat Oberwasser, denn ihr Mundwerk läuft auch – wie ein Trainer feuert sie uns an. Ich merke, wie in unsere Produktion ebenfalls Bewegung kommt. Jeder scheint auf dem aktuellen Stand zu sein und fordert nun das richtige Material bei seinem Vordermann an. Melitta gefällt das auch; sie versucht, Marco abzuschießen. Mein Nachbar ruft mir unverhohlen zu, welches Modell er als nächstes haben möchte. Mir ist das fast zuviel, denn Rechnen kann ich auch. Vreni scheint wirklich nichts zu tun zu haben; sie schaltet sich in die Qualitätssicherung ein, um sofort den aktuellen Produktionsstand mitzubekommen. Das reinste Frühwarnsystem, immer wieder ruft sie den aktuellen Stand durch die Reihen. Die Vorschaumengen stehen, wie von selbst, an der Tafel. Das läuft alles wie geschmiert.

Vater beendet amüsiert die Periode und meint: „Jetzt könnt ihr eure Stimmen wieder ölen." Ich meine: „Vreni, du könntest dich ruhig ein bißchen zurückhalten, wir wissen doch, was wir zu tun haben. Du brüllst so laut, man versteht sein eigenes Wort nicht mehr." Das ist zwar ordentlich übertrieben, aber ich muß ja auch mal austeilen. Sie verdreht die Augen und zeigt mir die Zunge. Die Flieger sind ausgezählt. Das Ergebnis ist wirklich beachtlich. Wir liegen genau richtig. Zwar haben wir vom Typ20 insgesamt zwei Flieger zu wenig, aber das holen wir in der nächsten Periode mit Links auf. Wir beglückwünschen uns gegenseitig und prosten uns zu. Mein Nachbar klopft mir bestätigend auf die Schulter. Er ist mit meiner Arbeit zufrieden. Vreni sagt: „Die Steuerung ist so einfach. Das reinste Kinderspiel. Die Mengen immer nur draufaddieren und in die Tabelle eintragen. Das könnte auch automatisch ablaufen." Vater kann sich ein Grinsen kaum verkneifen.

Die Stimmung ist ziemlich ausgelassen, als wir in die nächste Periode einsteigen. Da kann eh' nichts mehr schiefgehen. Vreni schreibt schon wieder und ich produziere Typ20, da haben wir ja zwei Stück zu wenig. Und wenn man die neue Fortschrittszahl betrachtet, sind insgesamt sogar fünf Flieger der Bedarf. Vreni scheint sich meine Attacke gemerkt zu haben. Diesmal bleibt sie am Flip-Chart stehen und schaut nur in die Runde. Kein Kommentar von ihr, aber das würde uns sowieso nicht interessieren, da wir ja so toll sind und jetzt alles selbst im Griff haben. Ich bin mir meiner Sache so sicher, daß ich meinen Nachbarn in ein Gespräch über seine Hobbies verwickle. Dabei erfahre ich, daß er sehr gerne zum Segeln geht. An die Nordsee, das ist bestimmt nicht ohne. Irgend jemand ruft, wir brauchen noch ein paar vom Typ1. Also produzieren wir welche. Ich schaue nicht auf die Tafel, es wird schon stimmen. Außerdem ist der Segeltörn interessanter, von dem mein Nachbar gerade spricht. Im Unterbewußtsein führe ich mechanisch die Arbeitsschritte für Typ1 aus. Plötzlich schreit Vreni durch den Raum. Kann die sich denn nicht mal eine Periode zurückhalten. „Klaus, bist du verrückt! Was produzierst du denn da?" Ich sehe mich um, als wäre ich aus einem langen Traumzustand erwacht. Mein Vater beendet die Periode. „Wir sind doch nicht zum Quasseln da!", sagt Vreni ärgerlich. Ich sehe meinen Nachbarn an – er schaut mich an – wir sehen uns an und wissen, daß wir nicht aufgepaßt haben. Ich fühle mich wie ein Sechstklässler, der vom Lehrer beim Briefchen schreiben ertappt wurde. Aber warten wir erst mal das Ergebnis ab. Melitta sammelt alle Flieger auf und zählt. Das Ergebnis ist niederschmetternd. Mist, ich könnte mich selbst kasteien. „Warum habe ich nicht aufgepasst?" murmle ich fassungslos vor mich hin. Aber Angriff ist die beste Verteidigung. Ich beschuldige Melitta, daß sie nichts gesagt hat. Mein Nachbar stimmt ein und hackt auf seiner Frau rum. Vater läßt uns gewähren. Nach einer Weile ergreift Gerda das Wort: „Das können wir doch noch schaffen. Wir müssen uns jetzt nur konzentrieren und die richtigen Modelle bauen." Wir stimmen zu.

Auf zur letzten Periode. Wir müssen gemeinsam den Karren wieder aus dem Dreck ziehen. Der Startschuß fällt, und Vreni schreibt die neue Bedarfsfortschrittszahlen an die Tafel. Die Produktion kommt in Fluß. Jetzt gilt es, Typ2+ zu erstellen, denn den hatte ich in der letzten Periode vollständig vernachlässigt. Vater zeigt Vreni an, daß sie sich ruhig verhalten soll. Melitta hat sich meine Worte zu Herzen genommen und sagt sich immer das nächste Modell vor, das es zu kontrollieren gilt. Vreni überwacht mit Argusaugen unser Tun. Ich glaube, das ist gar nicht nötig, denn wir sind alle hoch konzentriert. Nach jedem Teil führe ich ordentlich meine Strichliste und vergleiche das Ergebnis mit der Bedarfsfortschrittszahl. Gerda hört auf. Sie ist fertig. Die Restlichen produzieren noch. Als ich das letzte Vorprodukt verarbeitet habe, stelle ich fest, daß ich noch eines für Produkt Typ2+ brauchen würde. Ich signalisiere Gerda meine Erkenntnis. Sie schaut sich ihre Strichliste an und sagt: „Ich habe meine Fortschrittszahl erreicht. Ich darf nicht weiterproduzieren." Ich schaue auf meine Strichliste und vergleiche nochmals meinen Zahlenfriedhof. Jetzt sehe ich klar. In der katastrophalen dritten Periode haben wir vom Typ1 soviel produziert, daß die Produktionsfortschrittszahl den Gesamtbedarf überschreitet. Jetzt haben wir ein Problem. Vreni schaltet sich ein, da sie unsere Zwickmühle sofort erkannt hat: „Gerda, produziere bitte noch einen Flieger, dann sind wir wieder sauber." Gerda fragt nicht weiter nach und faltet drauf los. Wir anderen führen ebenfalls unsere Arbeitsschritte durch und siehe da, der letzte Flieger gleitet durch die Luft. Wir haben noch Zeit, sind aber fertig. Melitta sammelt schon die Flieger ein. Vater beendet vorzeitig die letzte Periode und notiert die Ergebnisse in der Gesamtübersicht.

	Runde 2 Fortschrittszahlensteuerung							
	Typ1		Typ2+		Typ20		Gesamt	
	soll	ist	soll	ist	soll	ist	soll	ist
Periode 1	1	1	2	2	5	4	8	7
Periode 2	4	4	3	3	2	1	9	8
Periode 3	2	5	4	0	3	6	9	11
Periode 4	2	0	5	9	2	1	9	10
Gesamt	9	10	14	14	12	12	35	36

Ergebnis Runde 2 Fortschrittszahlensteuerung

Insgesamt sieht das ganz ordentlich aus. Wir haben genausoviel produziert wie in der ersten Runde. Nur mit dem Unterschied, daß wir dieses Mal das Richtige hergestellt haben. Den Ausreißer in der dritten Runde haben wir sauber ausgebügelt.

Wir gratulieren uns. Gerdas Mann, von dem man während des Spiels nicht viel gehört hat, meint: „Das müssen wir feiern. Marco, hast du noch das gute Wässerchen vom letzten Mal?" Keine schlechte Idee. Hoffnungsvoll schaue ich zu Vater rüber. Melitta steht auf und geht zum Schrank. „Kurt, du meinst bestimmt den Grappa, stimmt's?" Sie hält eine Flasche in die Luft, die noch halb voll ist. „Das ist der richtige, den sollten wir versuchen", antwortet Kurt. Vreni schaut mich mit glänzenden Augen an. Grappa, so verwunderlich es klingt, ist ein Lieb-

lingsgetränk von ihr. Nicht, daß sie sich davon besäuft. Aber irgendwie ist sie bei einem Italienaufenthalt auf den Trichter gekommen, daß das Zeug gut schmeckt. Zuhause hat sie bestimmt vierzig verschiedene Sorten davon. „Wer möchte alles einen Grappa trinken?", fragt Melitta. Wir zählen durch und kommen auf Sechs. „Den kenne ich gar nicht!", sagt Vreni, als sie sich die Flasche genauer betrachtet. „Den haben wir auch direkt aus Italien. Ich habe ihn hier auch noch nicht gesehen", meint Vater. Wir prosten uns zu.

„Was soll ich eigentlich jetzt von dem Ergebnis halten?", fragt Gerda. Auf dem Tisch hat Vater die Bedarfs- und Vorschauzahlen pro Periode hingelegt. Ich überfliege diese.

Periode 1	Typ1	Typ2+	Typ20
aktuelle Bedarfs-Menge	1	2	5
Vorschau-Menge	1	3	5

Periode 2	Typ1	Typ2+	Typ20
aktuelle Bedarfs-Menge	4	3	2
Vorschau-Menge	3	1	3

Periode 3	Typ1	Typ2+	Typ20
aktuelle Bedarfs-Menge	2	4	3
Vorschau-Menge	0	2	2

Periode 4	Typ1	Typ2+	Typ20
aktuelle Bedarfs-Menge	2	5	2
Vorschau-Menge	0	0	0

Übersicht der Bedarfszahlen

Es beginnt eine interessante Diskussion. Als Vater Vreni fragt, welchen Eindruck sie von der Steuerung gehabt hat, meint sie: „In der ersten Runde war ich voll damit beschäftigt, rechtzeitig neue Fertigungsaufträge zu schreiben. Ich mußte mich stark konzentrieren, daß die Mengen, die ich aufgeschrieben habe, mit den davor ausgegebenen verrechnet waren. Ich hatte in der Runde keinen Überblick über den Stand in der Produktion. In der zweiten Runde war für mich alles viel einfacher. Um die Zahlen an die Tafel zu schreiben, brauchte ich nicht viel zu überlegen. Das Schema war schnell klar. Ich bin die meiste Zeit herumgestanden. Den Freiraum habe ich genutzt, um mir regelmäßig einen Überblick in der Produktion zu verschaffen. Die dritte Periode müssen wir zwar vergessen, aber wenn mich Klaus nicht davor geärgert hätte, dann hätte ich da besser aufgepaßt." „Welchen Eindruck haben die anderen gehabt?" sagt Vater. Mein Nachbar meldet sich zu Wort: „In der ersten Runde hatte ich keine Informationen, was ich genau produzieren sollte. Ich habe von Klaus Flieger bekommen, und diese habe ich einfach weiterbearbeitet. Ob das richtig oder falsch war, konnte ich nicht abschätzen. In der zweiten Runde war alles etwas durchsichtiger. Durch die Bedarfszahlen und meine Strichliste wußte ich immer, was unser Variantenfertiger abliefern muß. Ich mußte zwar zusätzlich die Strichliste führen, aber das hat sich meiner Meinung nach gelohnt." Alle scheinen davon überzeugt zu sein, daß die zweite Runde übersichtlicher war als die erste. Außer Gerda, sie meint, es hätte keinen großen Unterschied gegeben. „Und was war mit dem letzten Stück?" merke ich an. „Bei der ersten Runde hast du ein Stück zuviel produziert und nichts gemerkt. Bei der zweiten Runde hast du wegen des zusätzlichen Vorprodukts regelrecht einen Aufstand gemacht. Aber dadurch hatten wir erst die Möglichkeit, genau zu verifizieren, ob wir es überhaupt brauchen. Das ist doch ein Unterschied, oder?" „Stimmt", sagt sie, „das hatte ich ganz verdrängt." Ich lamentiere nochmal über mein Mißgeschick in Periode drei. „Mir kam das gerade recht", meint mein Vater, „Schau mal Klaus, in der ersten Runde bist du auch einmal durcheinander gekommen." Es scheint so, als müßte ich heute als Prügelknabe herhalten. „Und wir haben alle gesehen, was das für Auswirkungen am Ende gegeben hat. Da haben sich die Probleme regelrecht aufgeschaukelt. In der zweiten Runde, dritte Periode, war der Fehler erheblich größer und trotzdem hat am Ende das Ergebnis fast gestimmt." Was er sagt hat Hand und Fuß. Durch den Gesamtüberblick bei den Fortschrittszahlen konnten wir den Fehler prima korrigieren. Und das ohne unsere Disponentin – die hat Vater ja angewiesen, ihren Mund zu halten. Wir diskutieren noch ein bißchen. Am Ende sind alle der Meinung, daß eine Steuerung mittels Fortschrittszahlen sehr übersichtlich ist.

Als sich die Gäste verabschieden, sind Vreni und ich wieder ein Herz und eine Seele. Wir albern etwas herum, und Vreni erzählt von ihrer Leidenschaft für Italien. Ich kenne in Italien nur Südtirol. Dort gefällt es mir sehr gut, aber wenn man es genau nimmt, hat das mit Italien nicht allzuviel zu tun. Böse Zungen behaupten sogar, das sei eigentlich noch Österreich.

So, jetzt ist es an der Zeit, ins Bett zu gehen. Vreni hat sich auch schon verabschiedet, und ich trinke den letzten Schluck aus meinem Glas. Ich gehe noch ins Bad, ziehe meinen Schlafanzug an und folge ihr ins Gästezimmer. Alles ist dunkel. Der süßliche Duft von ihrem Parfüm liegt leicht in der Luft. Das gefällt mir. Ich krieche unter die Decke und drehe mich zu ihr rüber. „Gute Nacht", sage ich leise, „schlaf gut." Eine sanfte Stimme erwidert: „Schlaf auch gut!" Als sich meine Augen an das Dunkel gewöhnt haben, stelle ich fest, daß Vreni mir den Rücken zukehrt. Also muß ich ungeliebt einschlafen – eine Schande.

Meine Gedanken kreisen noch über dem Fliegerspiel. Es ist schon interessant, welches Ergebnis dabei herauskam. Jeder ist bei den Fortschrittszahlen immer darüber im Bilde, was er insgesamt an Bedarf hat und was er bisher produziert hat. Das heißt, wenn er die Fortschrittszahl der produzierten Stück von der Fortschrittszahl des Bedarfs abzieht, so erhält er sofort die noch zu produzierende Menge. Ah ja, die Fortschrittszahl verbindet die diskreten Termin-/Mengenpaare mit der Zeitachse. Doch jetzt schlafe ich erst einmal den Schlaf der Gerechten und träume vom Fliegerfalten.

Mitten in der Nacht wache ich auf. Vreni beugt sich über mich. Ich will schon zufassen – als ich bemerke, daß sie nur auf den Radiowecker schaut, der auf meinem Nachtisch steht. „'Tschuldigung", meint sie leise. Und bevor ich etwas sagen kann, liegt sie schon wieder auf ihrer Seite und atmet in tiefen, regelmäßigen Zügen. Ein Satz mit X: Das war wohl nix.

Ein wunderschöner Tag bricht an. Die Morgensonne scheint leicht durch die zugezogenen Vorhänge. Vreni schlummert noch vor sich hin. Ganz im Gegensatz zu sonst, bin ich hellwach und räkle mich ein letztes Mal.

Als ich das Wohnzimmer betrete höre ich, wie Melitta in der Küche arbeitet. Ich schaue rein: „Guten Morgen!" „Guten Morgen, Klaus. Wie hast du geschlafen?" „Geschlafen habe ich gut", sage ich. Melitta ist mit dem Frühstück beschäftigt. „Aber?" fragt sie. Ich lenke ab: „Kann ich dir helfen?" „Ja, du kannst den Tisch decken. Ich denke, wir können draußen frühstücken", erwidert sie. „Ja, das ist eine prima Idee." Ich schnappe das Geschirr, Tassen und Besteck. Draußen ist es schon angenehm warm. Ein Morgen – zum Bäume ausreißen!

Die frische Luft und das Frühstück bekommt mir gut. Nach zwei Stunden ausgiebigem Essen sind alle satt. Meine erfolglosen Annäherungsversuche habe ich mit Kaffee runtergespült. Ich bekomme bestimmt noch meine Chance. Ich höre drinnen das Telefon leise klingeln. Melitta hat es auch gehört und springt auf. Nach ein paar Minuten ruft sie heraus: „Du, Marco, Gerda ist dran. Sie fragt, ob sie dein Spiel in ihrer Firma verwenden darf?" „Klar, aber was hat sie vor?" „Sie möchte ihren Chef von den Fortschrittszahlen überzeugen!" Vater steht auf und begibt sich ebenfalls in die Wohnung. Es dauert etwas, bis beide wieder auf dem Balkon erscheinen. „Wo arbeitet Gerda denn?", ist meine erste Frage. „Das ist so eine Hardwarefirma, die PC's im großen Stil herstellt.", antwortet Melitta. „Bei denen könnte das auch funktionieren...", überlegt mein Vater laut. „Wie seid ihr überhaupt zu dem Thema Fortschrittszahlen gekommen?" fragt Vreni. Ich sehe wie sich seine Augenbrauen heben. „Vor fünf Jahren hatten wir ganz ähnliche Probleme, wie ihr sie heute habt. Wir mußten einfach etwas unternehmen. Das hätte mich sonst den Kopf gekostet. Die Lösung war: Wir wollten die Abteilungen so ausrichten, daß sie wie Unternehmer im Unternehmen agieren. Und da kam uns die Idee mit den Fortschrittszahlen. Im Vertrieb war ja diese Art von Steuerung hinlänglich bekannt. So haben wir uns überlegt, daß sich diese Kunden/Lieferanten-Beziehung auf den gesamten Betrieb übertragen lassen müßte. Ja, und heute steuern wir mit Fortschrittszahlen." Ich reibe mir die Nasenwurzel. Hört sich interessant an. „Und was für ein EDV-System benutzt ihr dazu?", grüble ich. „Wir haben unser bestehendes System erweitert", sagt er. „Wie seid ihr da vorgegangen?", hake ich nach. „Das war nicht so einfach. Wir haben uns lange überlegt, wie wir das ohne großen Aufwand hinbekommen.", antwortet er, „Schlußendlich haben wir einen sogenannten Serienauftrag im System verankert. Das bedeutet, der Auftrag ist immer offen und kann jederzeit zurückgemeldet werden. Die Besonderheit ist: Alle Arbeitsgänge sind um eine Bedarfs- und eine Produktionsfortschrittszahl erweitert. So können die Leute jederzeit sehen, was sie zu produzieren haben." Im Geist wühle ich mich durch unseren Programmcode. Hier etwas ändern, dort eine neue Variable einsetzen, und schon könnte es funktionieren. „Das ist es! Das kriegen wir auch hin", komme ich zum Schluß meiner Überlegungen.

Er beugt sich über den Tisch, als ob er uns ein großes Geheimnis zuflüstern wollte: „Es ist aber nicht die optimale Lösung!" Wir sind einige Augenblicke sprachlos. Dann bestürmen wir ihn mit Fragen. Geduldig beantwortet er eine nach der anderen. Er meint, mit dieser Methode verliere man den Gesamtüberblick. Mehrfachverwendungen vom Material könnten nicht abgebildet werden. Die einzelnen Prozesse stehen völlig isoliert im Raum, ohne den Gesamtzusammenhang zu berücksichtigen. Und am Ende meint er: „ Wenn man ein Unternehmen über Fortschrittszahlen organisieren möchte, dann müssen die einzelnen Abteilungen die Chance haben, einen Schwellenwert zu definieren. Überschreiten die Bedarfe diesen Schwellenwert, so muß die rote Lampe aufleuchten. Und wenn die Lampe blinkt, dann ist Abstimmung notwendig. In diesem Fall ist die Disposition gefragt, es müssen Prioritäten gesetzt werden. Bleibt das aus, so sind fatale Schwierigkeiten vorprogrammiert." Vreni steht auf und geht unruhig am Tisch auf und ab. „Wie können solche Schwellenwerte aussehen?" fragt sie. „Das könnte zum Beispiel der maximale Ausstoß pro Teil oder ein dispositiver Vorlauf sein", antwortet Vater. Noch mehr Auf- und Abgerenne. „Setz dich wieder hin, Vreni. Ich komme mir vor wie beim Tennis. Links, rechts – links, rechts...", sage ich. „Wenn's sein muß", gibt sie zurück und blickt mich finster an.

„Was meinst du mit maximalem Ausstoß pro Teil?" fragt sie und dreht sich zu Vater um. „Die Leute in der Produktion wissen genau, wieviel sie von einem Teil am Tag oder in der Stunde fertigen können. Überschreitet eine Anforderung diesen Wert, so ist sicher, daß Schwierigkeiten auftauchen. Und dem kann man vorbauen. Man muß nur diese Informationen auswerten. Das hat nichts mit dem klassischen Arbeitsplan zu tun, denn dort sind nur die Vorgabezeiten geführt. Und die haben mit der Produktion herzlich wenig zu tun. Die Erfahrungswerte der Meister sind gefragt."

„Was ist dann der dispositive Vorlauf?" möchte ich wissen. „Das ist der Zeitraum, in dem die Abteilung entscheiden kann, wann sie welches Produkt fertigt." Irgendwann erzähle ich ihm von der Idee, Stückliste und Arbeitsplan in einem Prozeß abzubilden. Das scheint ein zündender Gedanke zu sein. Vater ist sichtlich entzückt. Wir diskutieren weiter.

Es ist schon Mittag, ich schaue auf die Uhr. Wir müssen gehen, denn es liegt noch eine lange Fahrt vor uns. Der Abschied fällt kurz, aber herzlich aus. Wir versprechen, uns wieder zu melden.

9 Die erste Anforderung: Steuerung

Wer nicht von Grund auf umdenken kann,
wird nie etwas am Bestehenden ändern.

Anwar Sadat

Als ich nach unserem Ausflug den ersten Tag wieder in der Firma bin, stürme ich gleich zu Herrn Schmidt. Die ganzen neuen Erfahrungen muß ich unbedingt mit ihm durchsprechen. Zwar bin ich unangemeldet, aber das stört mich nicht. Ich reiße die Tür auf und stelle unverzüglich fest, daß ich ungelegen komme. Vielleicht hätte ich zuerst anklopfen sollen, bevor ich so ungestüm ins Zimmer eindringe. Drei Herren in dunklen Anzügen sitzen am Tisch, und Herr Schmidt, heute ebenfalls streng konservativ gekleidet, steht am Flip-Chart und schreibt verschiedene Zahlen auf. Rums, mein Herz ist in die Hose gefallen, und ich würde am liebsten im Erdboden versinken. Herr Schmidt wendet sich mir zu, jetzt bekomme ich mein Fett ab. „Das habe ich erwartet", sagt er. Was mich wundert – er lächelt. „Meine Herren, darf ich vorstellen: Herr Grüner." Artig mache ich die Runde und schüttle jedem die Hand. „Herr Grüner ist für das Redesign unseres EDV-Systems verantwortlich. Und heute will er mich davon überzeugen, daß wir versuchen sollten, unsere Anforderungen über Fortschrittszahlen abzubilden." Völlig überrascht frage ich: „Wie kommen sie denn darauf?" „Mich hat heute Morgen schon ihr Vater angerufen", antwortet er, „Er prophezeite mir, daß sie sich melden würden – und, das tun sie gerade." „Stimmt", sage ich leise. Jetzt wird mir einiges klar. „Fangen sie mit dem Fortschrittszahlenkonzept an! Ich bin bereits überzeugt", äußert er. Ich verbeuge mich vor den Herrschaften höflich und entschuldige mich für mein unvermitteltes Eindringen. Bei Herrn Schmidt bedanke ich mich und verlasse freudestrahlend das Zimmer.

So, die Freigabe habe ich und vor mir den großen Stapel Papier von letzter Woche. Ganz oben liegt die Prozeßabbildung. Ich ziehe den Zettel zu mir herüber und betrachte ihn. Wie soll ich das Thema anpacken? Nach langem Hin und Her entscheide ich mich: Zuerst die Steuerung beschreiben, dann die Planung und zu guter Letzt die Simulation. Die Steuerung als erstes, denn sie ist die Basis für jede Planung. Stimmt doch, oder! Bloß, wo sind die Folien mit den Anforderungen? Ich durchstöbere den Papierstapel. Nach zwei Minuten komme ich zu der

Einsicht, daß ich meine Arbeitstechnik überdenken muß. Aber jetzt ist keine Zeit, das Konzept drängt. Schließlich finde ich den Zettel und lese ihn durch.

Mit der Fortschrittszahlenbrille betrachtet, fällt mir sofort der Satz 'Keine Fertigungsaufträge' auf. Jetzt aber noch mal zurück zur Prozeßabbildung. Bei der Steuerung geht es doch darum: Wie wird so ein Prozeßelement gesteuert und wie müssen vor- und nachgelagerte Prozeßstufen berücksichtigt werden? Ich entscheide mich dafür, zuerst einmal die Steuerung für ein einzelnes Prozeßelement zu betrachten. Danach kümmere ich mich um die durchgängige Verknüpfung der einzelnen Elemente zum Gesamtprozeß. Ich beginne mit der Rückmeldung: Auf der einen Seite haben wir einen Plan und auf der anderen Seite die Fertigmeldung. Ich konzentriere mich auf das Oberteil.

Wie der Plan erstellt wird interessiert mich im Moment nicht. Hauptsache, es gibt einen Plan. Und der zeigt alle Mengen und Termine an, die zu produzieren sind. Was ist jetzt mit der Fortschrittszahl? In einer Fortschrittszahl werden alle Mengen kumuliert, die ab einem bestimmten Anfang von Null beginnend anfallen. Der Anfang kann der Beginn eines Kalenderjahres sein, überlege ich. Dann weiß man zum Beispiel wieviel Stück von einem Teil bisher in diesem Jahr produziert wurde. Zu 'produziert' fällt mir ein: Das müßte die Basis für einen neuen Plan sein. Denn der Plan soll alle Termine und Mengen beinhalten, die noch zu produzieren sind. Das heißt, im Moment der Planerstellung, muß die Menge des ersten Terminsatzes auf diese Basisfortschrittszahl aufaddiert werden. Das Ergebnis wird dann im Datensatz gespeichert. Für den nächsten Termin gilt dann: Fortschrittszahl aus Datensatz1 plus Menge aus neuem Terminsatz ergibt die Fortschrittszahl Datensatz2.

Ich mache ein Beispiel. Zuerst die einzelnen Plantermine mit ihren Mengen:

Fabriktag	Planmenge
310	1.000
312	500
314	1.000
315	500

Als Basisfortschrittszahl nehme ich 500. Das heißt, seit der letzten Nullstellung der Fortschrittszahlen wurden insgesamt 500 Stück erstellt. Somit ergeben sich für die Termin-/Mengenpaare folgende Fortschrittszahlen:

Fabriktag	Planmenge	Fortschrittszahl
310	1.000	1.500
312	500	2.000
314	1.000	3.000
315	500	3.500

Die Basisfortschrittszahl für den Plan des Teils ist der Wert, der durch die Summation der Rückmeldungen entsteht. Diese Fortschrittszahl verändert sich aber nach der Planerstellung, denn es wird ja weiter zurückgemeldet. Ich überlege und stelle fest: Das ist ja super. Mir wird jetzt erst klar, was man damit erreichen kann. Egal wieviel nach einer Planerstellung zurückgemeldet wird, über die Fortschrittszahl kann man jederzeit erkennen, was noch zu produzieren ist. Mir fehlt jetzt nur noch ein Namen für diese Fortschrittszahl. Produktionsfortschrittszahl hört sich ganz gut an. Ich komme zu den offenen Planmengen zurück und bin begeistert: Wenn nur die Sätze anzeigt werden, bei denen die Produktionsplan-FZ größer als die Produktions-FZ ist, dann brauchen wir keine Materialdisposition und haben jederzeit aktuelle Bedarfe. Ich schalte den PC an. Sofort starte ich das Zeichenprogramm und lege mit einer Grafik los, die das Ergebnis meiner Gedanken ausdrückt. Halt! Ich muß unbedingt die verschiedenen Rückmeldesituationen darstellen: Es wird genau nach Plan produziert, es wird zuwenig produziert, es wird zuviel produziert. 'Es wird genau nach Plan produziert' und 'es wird zu wenig produziert' fasse ich in einem Bild zusammen. Der Titel heißt 'Rückstand', und genau nach Plan zu produzieren bedeutet Rückstand gleich Null.

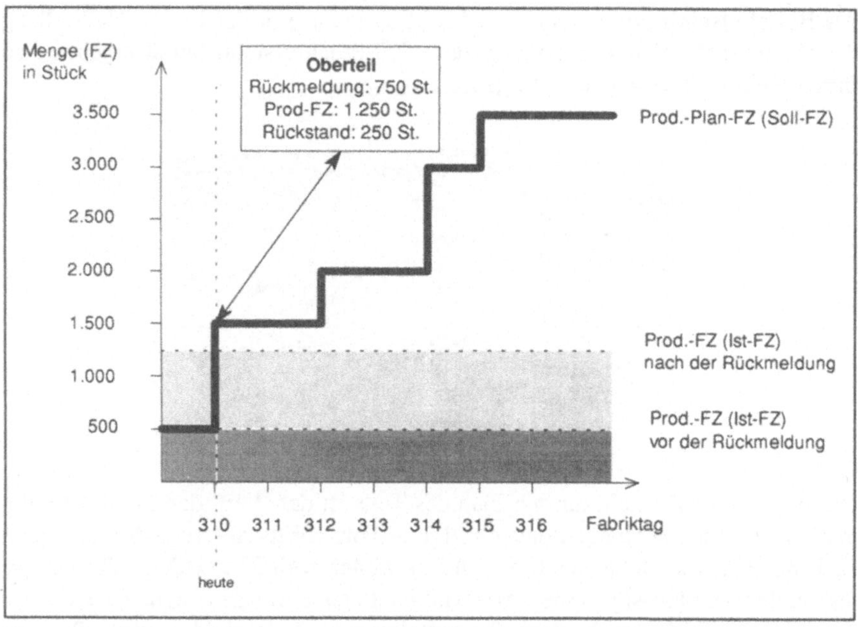

Rückstand: Rückmeldemenge ist kleiner oder gleich der Planmenge

'Es wird zuviel produziert' bringe ich in eine separate Skizze mit dem Namen 'Vorlauf'. Diese beiden Bilder stellen die Grundsystematik für das weitere Fortschrittszahlenkonzept dar.

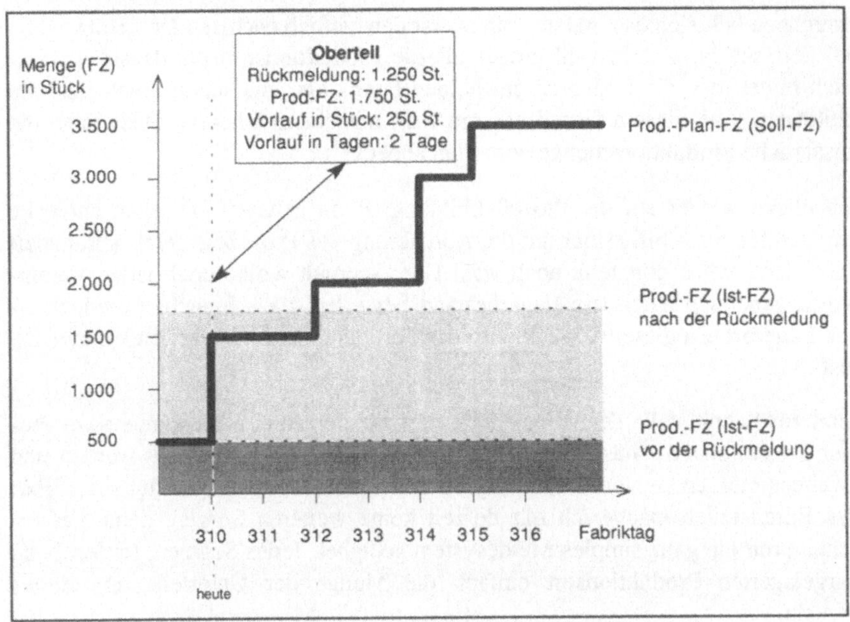

Vorlauf: Rückmeldemenge ist größer als die Planmenge

Wenn man jedes Teil nun dem verantwortlichen Fertigungssegment zuordnet, dann kann ich über die Information der Fortschrittszahlen zu jeder Zeit einen aktuellen Produktionsplan pro Segment erstellen. Ich hake die ersten beiden Punkte aus den 'Anforderungen an die Steuerung' ab und weiß, daß ich für die Abschlußbesprechung noch einen Musterplan anfertigen muß. Den letzten Punkt habe ich auch im Griff. Eine Auswertung über die Liefertreue des einzelnen Fertigungssegments erscheint mir ein Kinderspiel. Ein paar Minuten später stelle ich fest: So trivial kann es doch nicht sein, wenn ich immer noch grüble. Welche Informationen habe ich? Zum einen die Produktionsplan-Fortschrittszahl und zum anderen die Produktionsfortschrittszahl. Ist die Produktionsplan-Fortschrittszahl größer als die Produktionsfortschrittszahl, dann ist die Fertigungseinheit für das Teil im Rückstand. In dem Fall kann ich nur die Menge ausgeben, die das Segment im Rückstand ist. Obwohl, ich könnte noch ausrechnen, wieviel Prozent der Rückstand ausmacht. Den Gedanken schiebe ich erst mal zur Seite, denn die andere Situation ist viel interessanter. Ist nämlich die Produktionsfortschrittszahl größer als die Produktionsplan-Fortschrittszahl, dann entsteht ein Vorlauf. Und da kann ich außer der absoluten Menge auch die Zeitdauer des Vorlaufs anzeigen. In dem Beispiel von vorhin, sind das zwei Tage.

Errechnen läßt sich das, indem man zuerst den zeitlich nächsten Datensatz sucht, bei dem die Fortschrittszahl größer als die Produktionsfortschrittszahl ist. Danach bildet man die Differenz der beiden Fabriktage und schon erhält man die Zeitdauer. Aus diesem Grund erkennt man mit einem Blick, wieviel Tage die zusätzliche Produktionsmenge vom Plan abdeckt.

Ich blicke wieder auf die Prozeßabbildung. Beim genauen Hinsehen entdecke ich, daß ich mich bisher nur um die Ablieferung des Prozeßelements gekümmert habe. Und selbst dort fehlt noch was! Herr Schmidt wollte doch jeden Verantwortungsbereich nach dem Lagerbestand bewerten, dazu braucht es jedoch einen Lagerort. Zu diesem Zweck wird das Fertigungssegment verwendet, lege ich fest.

Jetzt zur Schnittstelle der vorgelagerten Prozeßelemente. Ich erkenne zwei Problemkreise: erstens müssen die Unterteile rechtzeitig bereitgestellt werden und zweitens müssen sie vom Lager abgebucht werden, wenn sie verbaut sind. Über das Bereitstellen mache ich mir derzeit keine weiteren Sorgen, denn hier erscheint mir ein ganz simples Meldesystem geeignet. Jedes Segment fordert beim vorgelagerten Produktionsort einfach die Menge der Unterteile an, die es braucht.

Das Abbuchen ist ein größerer Akt. Da muß ich mir zuerst Gedanken machen, wie in einem Fortschrittszahlenmodell eigentlich der Plan entsteht. Eines ist mir nämlich klar, wenn Teile in ein Oberteil eingebaut werden, dann ändert sich der Bruttobedarf. Wird ein Teil fertig gemeldet, ändert sich der Nettobedarf, und wird es eingebaut, dann ändert sich der Bruttobedarf. Und das gilt es zu berücksichtigen. Als geistige Stütze nehme ich mir das Fremdfertigungsteil. Dieses Prozeßelement bekommt seinen Bedarf aus dem Oberteil. Genau genommen sind das die Termin- / Mengenpaare, über die Stückliste aufgelöst, die nicht durch den Lagerbestand des Oberteils abgedeckt sind. Diese Termin- / Mengenpaare sind zunächst einmal Bedarf, nämlich Bruttobedarf. Und wenn man mit Fortschrittszahlen arbeiten möchte, dann muß hierfür ein Anker gefunden werden, auf dem man eine solche Fortschrittszahlenreihe aufbauen kann. Was bedeutet Bruttobedarf? Bruttobedarf sind alle die Bedarfsanforderungen für ein Teil, die bisher noch nicht geliefert oder verbaut worden sind. Also, eine Art Lieferfortschrittszahl oder, wenn ich es auf das Lager beziehe, eine Lagerausgangsfortschrittszahl. Mir kommt schon eine Idee, wie ich die Unterteile in den Fortschrittszahlen verrechne, aber jetzt muß ich erst mal meinen Gedanken zu Ende führen. Der Anker für die Bruttobedarfe ist die Lagerausgangsfortschrittszahl. Diese ergibt sich aus der Summe aller gelieferten beziehungsweise der verbauten Mengen. Ich zeichne die Schwelle Lagerausgangsfortschrittszahl in eine neue Grafik. Danach übernehme ich gedachte Bruttobedarfe und male eine Fortschrittszahlenkurve. Jetzt fehlt nicht mehr viel. Der Nettobedarf muß ja die Menge sein, die größer als der Lagerbestand ist. Im Prinzip so etwas ähnliches, wie die Produktionsfortschrittszahl. Denn, wenn es sich um ein Eigenfertigungsteil handeln würde, wäre es die Produktionsfortschrittszahl. Alle Bedarfe, deren Fortschrittszahl größer als die Produktionsfortschrittszahl ist, müssen gefertigt werden. Ich besinne mich. Einen kurzen Moment später habe ich die Lösung: Die Lagereingangsfortschrittszahl. Alles, was auf das Lager gebucht wird, wird in dieser Kennzahl summiert. Jetzt ist das Bild fertig. Ich schreibe noch kurz die Gedankengänge unter die Abbildung.

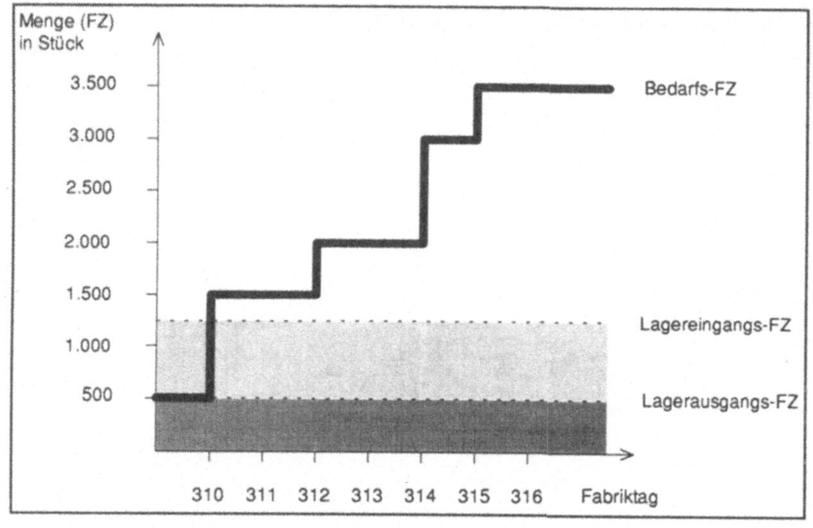

- Bruttobedarf auf Lagerausgangs-FZ aufsetzen.

- Alle Termin- / Mengenpaare, deren Fortschrittszahl kleiner als die Lagereingangs-FZ sind werden nicht berücksichtigt.

- Resultat: Alle Termin- / Mengenpaare, deren Fortschrittszahl größer als die Lagereingangs-FZ sind, werden in den Produktionsplan überführt.

Steuerung: Planerstellung über Fortschrittszahlen

Was mir nicht so gut gefällt, ist: Ich habe eine Lagereingangsfortschrittszahl und eine Produktionsfortschrittszahl definiert. Und für Produktionsteile ist das doppelt gemoppelt. Da würde ja eine reichen, dann wären Produktionsplan und Bedarf direkt vergleichbar. Nun, ein Teil kann Eigenfertigungsteil, Fremdfertigungsteil oder Einkaufsteil sein. Das wäre aber kein Problem, denn wenn alle Teilearten ausschließlich eine Lagereingangsfortschrittszahl hätten, dann würde das genügen. Ich überlege, ob das genügt. Nein, ich erkenne die Schwierigkeit. Ich habe das Fertigungssegment Aschenbecher vor Augen. Dort werden ja die Kapazitätsspitzen der Endmontage durch Verlagerung in die Fremdfertigung gekappt. Das heißt, ein und dasselbe Teil wird eigen- und fremdgefertigt. Somit müssen die Fortschrittszahlen entkoppelt werden. Letztendlich sind es unabhängige Kreisläufe, die sich intern selbst ausgleichen. Durch den Abgleich zwischen Soll-Fortschrittszahl und Ist-Fortschrittszahl kann jederzeit der aktuell offene Bedarf angezeigt werden. Ich beginne mir die Fortschrittszahlen-Regelkreise für ein Prozeßelement aufzuzeichnen.

Als offener Punkt bleibt, die Übergabe zwischen den einzelnen Regelkreisen zu analysieren. Aber zuerst vergebe ich Namen für die Regelkreise. Den großen Kreis nenne ich 'zentraler Regelkreis Materialwirtschaft', und die darunterliegenden kleinen Kreise 'Regelkreis Produktion', 'Regelkreis Fremdfertigung' und 'Regelkreis Einkauf'. Jetzt ist das Bild fertig.

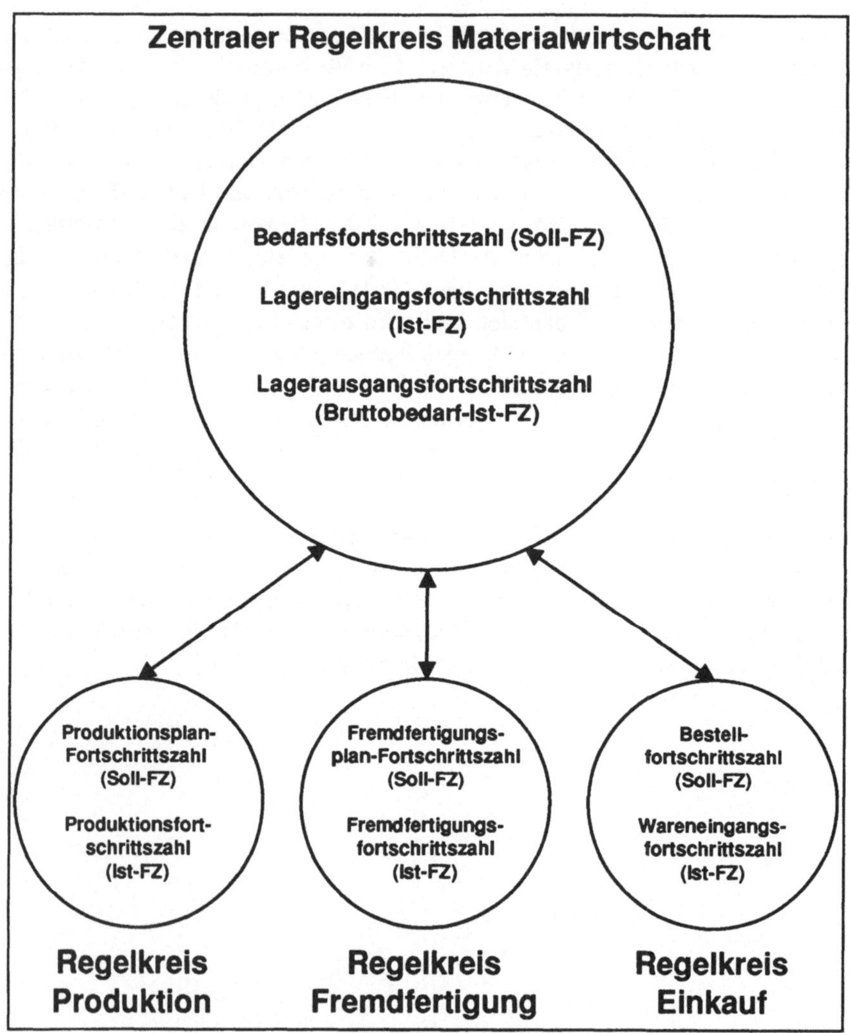

Fortschrittszahlen-Regelkreise

Folgendes gilt es zu erreichen: Die Ist-Fortschrittszahlen aus diesen vier Regelkreisen müssen synchronisiert sein. Sie können zwar nicht denselben Zahlwert haben, aber auf dem gleichen Stand der Information müssen sie schon sein. Ist dies der Fall, so können die offenen Termin-/Mengenpaare zwischen den Regelkreisen bequem ausgetauscht werden.

Wie werden die Ist-Fortschrittszahlen synchronisiert? Eine Rückmeldung oder Erhöhung der Ist-Fortschrittszahl erfolgt grundsätzlich in einem der untergelagerten Regelkreise. Das heißt, kommt eine Ware vom Fremdfertiger, vom Lieferanten oder aus der Produktion an, so wird automatisch die Ist-Fortschrittszahl des jeweiligen Regelkreises erhöht. Wenn gleichzeitig die Lagereingangsfortschrittszahl erhöht würde, dann müßte es doch insgesamt zusammenpassen. Dazu benötige ich jetzt unbedingt ein Beispiel, in dem zwei untergelagerte Regelkreise betroffen sind. Ich orientiere mich an dem Problem Aschenbecher.

Ich knöpfe mir den zentralen Regelkreis Materialwirtschaft vor. Die Lagerausgangsfortschrittszahl lasse ich gedanklich außen vor und setze sie auf Null. Die Lagereingangsfortschrittszahl ist 1.500 Stück. Am Rande betrachtet: Der Lagerbestand ist dann nach Adam Riese 1.500 Stück, nämlich Lagereingangsfortschrittszahl minus Lagerausgangsfortschrittszahl. Für die offenen Mengen ergeben sich somit folgende Fortschrittszahlen:

Fabriktag	Planmenge	Fortschrittszahl
310	1.000	2.500
312	500	3.000
314	1.000	4.000
315	500	4.500

Jetzt der Regelkreis Produktion. Als Rahmenbedingung nehme ich an: Aufgrund der Auslastung können an den einzelnen Tagen jeweils 500 Stück produziert werden. Die Produktionsfortschrittszahl ist 1.000 Stück. Das bedeutet, nach Übergabe der Termin-/Mengenpaare entsteht folgender Fortschrittszahlenverlauf:

Fabriktag	Planmenge	Fortschrittszahl
310	500	1.500
312	500	2.000
314	500	2.500
315	500	3.000

Für den Regelkreis Fremdfertigung ergibt sich – unter dem Sachverhalt, daß die Fremdfertigungsfortschrittszahl 500 Stück ist – folgendes Ergebnis:

Fabriktag	Planmenge	Fortschrittszahl
310	500	1.000
314	500	1.500

Auf dieses Fortschrittszahlengerüst lasse ich zwei Rückmeldungen wirken. Eine aus der Fremdfertigung, wobei hier die geplante Menge zum Fabriktag 310 geliefert wird. Die zweite aus dem Regelkreis Produktion. Diese liefert am Fabriktag 310 zu wenig, nämlich 250 Stück. Damit ich das Verhalten der Fortschrittszahlen richtig überblicke, bringe ich die Ausgangsinformationen zuerst in eine Grafik. Am besten, ich erstelle von allen drei Situationen jeweils eine Folie, dann kann ich den anderen das Verfahren geschickt erläutern. Zuerst aber die Ausgangssituation.

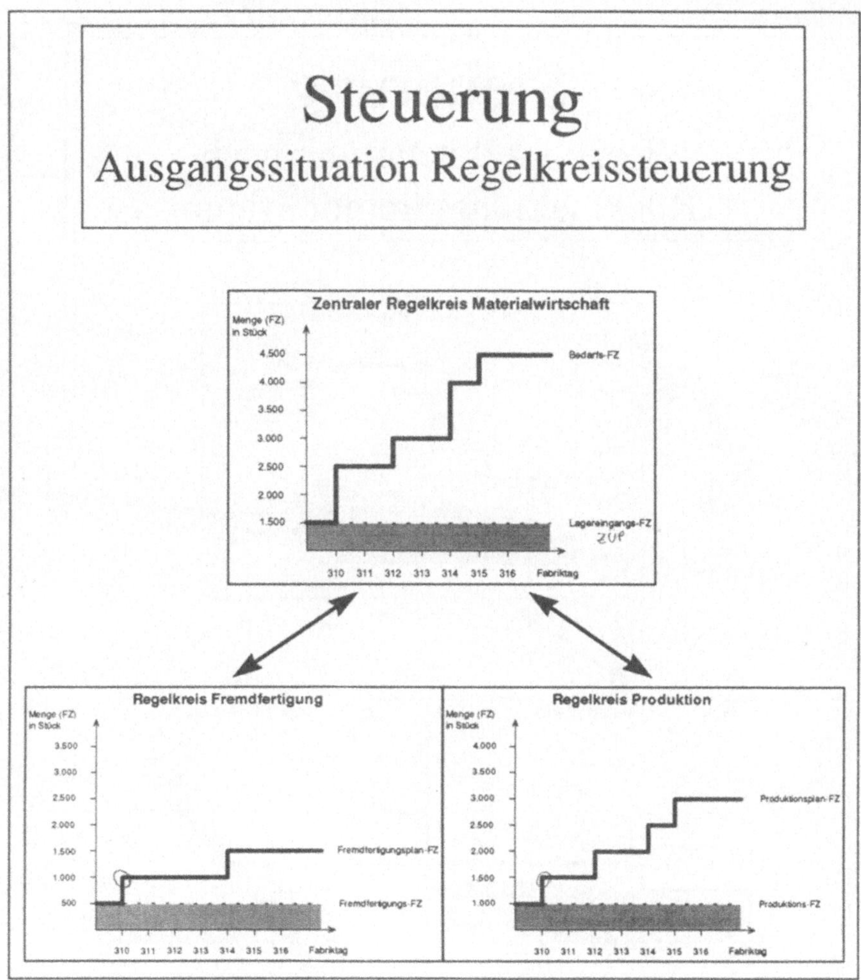

Steuerung: Ausgangssituation Regelkreissteuerung

Ich überprüfe die Situation. In der Fremdfertigung sind zum Fabriktag 310 500 Stück offen. Und im Regelkreis Produktion gilt dasselbe. Somit ergib sich für den zentralen Regelkreis Materialwirtschaft eine offene Menge von 1.000 Stück. Stimmt! Wenn ich in dieser Situation eine Rückmeldung von 500 Stück aus der Fremdfertigung wirken lasse, dann erhöht sich auf jeden Fall die Fremdfertigungsfortschrittszahl. Gleichzeitig erhöhe ich die Lagereingangsfortschrittszahl. Diesen Zustand bringe ich ebenfalls in eine Grafik.

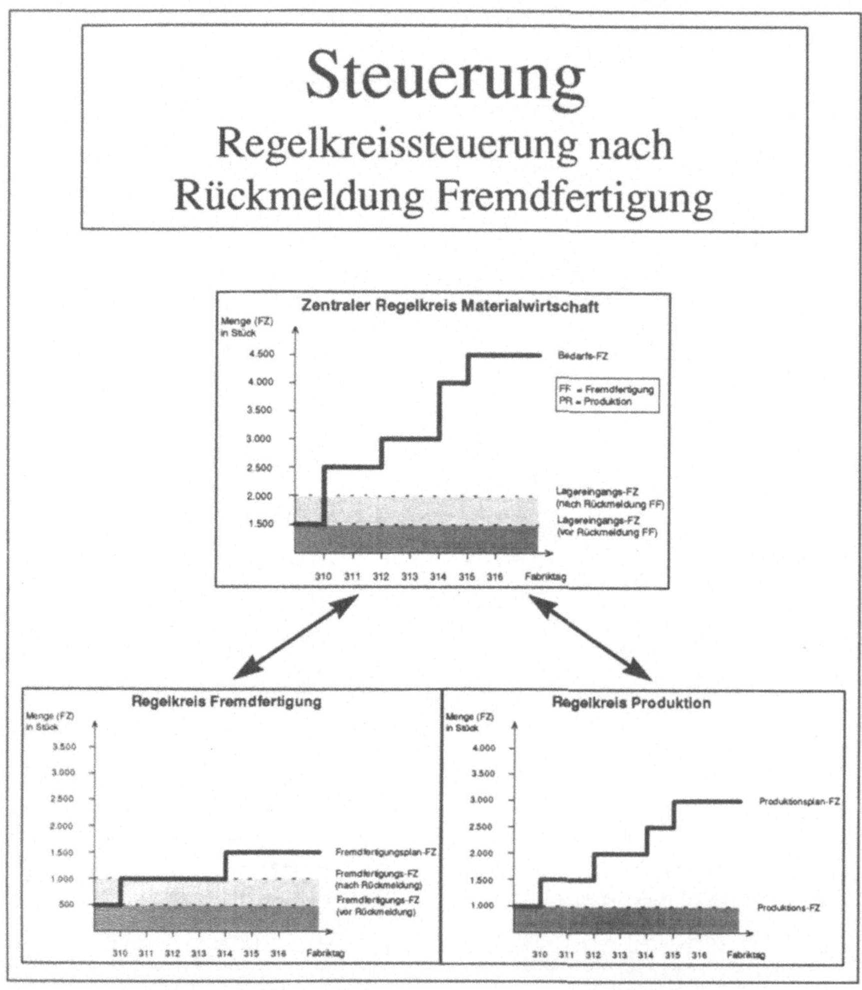

Steuerung: Regelkreissteuerung nach Rückmeldung Fremdfertigung

Das sieht gut aus. Der Regelkreis Fremdfertigung ist korrekt aktualisiert, denn der nächste offene Bedarfstermin ist am Termin 314. Und der zentrale Regelkreis Materialwirtschaft ist ebenfalls richtig fortgeschrieben: Offene Menge am Fabriktag 310 ist 500 Stück, und man erkennt sofort, daß hier noch die Rückmeldung aus der Produktion fehlt. So, jetzt führe ich die Rückmeldung aus der Produktion aus, 250 Stück. Ich betrachte die neue Folie.

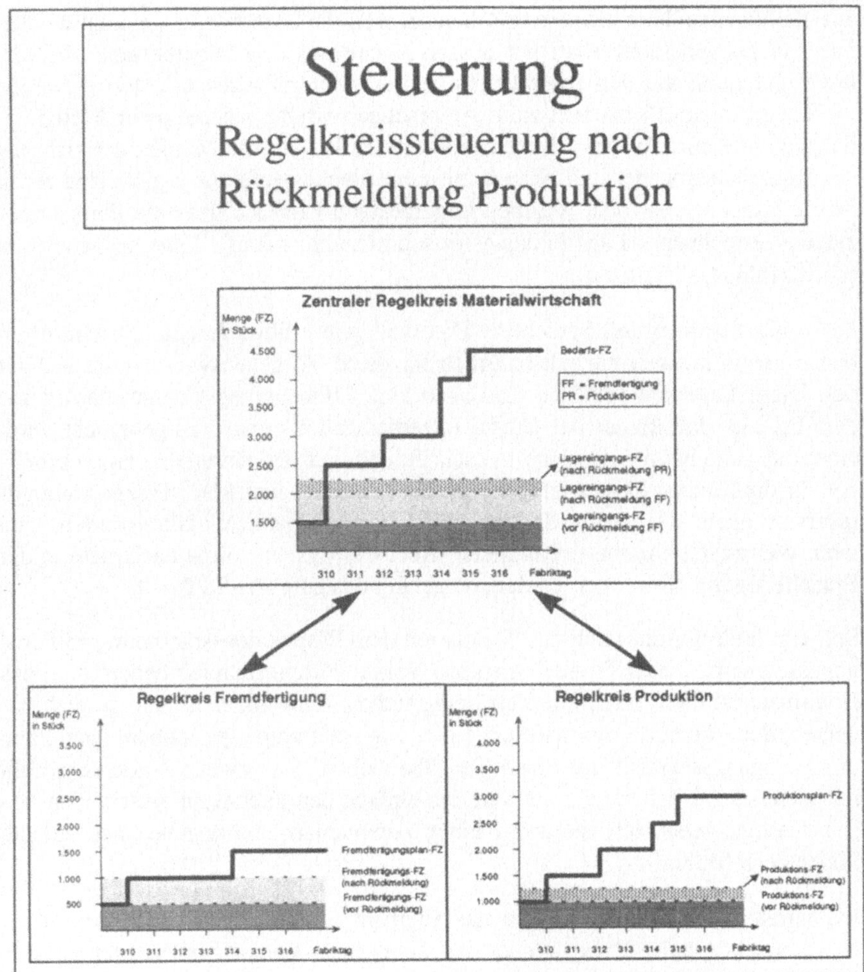

Steuerung: Regelkreissteuerung nach Rückmeldung Produktion

Ich bin ganz begeistert. Im Regelkreis Produktion erkenne ich sofort, daß 250 Stück fertig gemeldet sind, und daß deshalb noch 250 Stück fehlen. Im zentralen Regelkreis Materialwirtschaft stimmen die Zahlen auch. Gar nicht auszudenken, was man damit alles erreichen kann. Ohne irgend eine Materialdisposition, sehe ich bei irgendwelchen Veränderungen auf dem Lager automatisch die geänderten Bedarfe. Wahnsinn, wenn mir noch so ein paar innovative Eingebungen zufliegen, dann melde ich mich zum Bundesverdienstkreuz. Warum bin ich überhaupt auf die Planerstellung gekommen? Ach so, weil die Unterteile abgebucht werden müssen. Dieser Sachverhalt hat ausschließlich auf den Lagerbestand Auswirkung und somit auf den zentralen Regelkreis Materialwirtschaft. Ich verwende die Lagerausgangsfortschrittszahl. Automatisch erhöhe ich bei jeder Fertigmeldung diese Kennzahl bei allen eingebauten Teilen um die Menge, die sich aus der Rückmeldemenge multipliziert mit dem Stücklistenfaktor ergibt. Und fertig ist die Laube. Sogar den aktuellen Lagerbestand kann ich über die Fortschrittszahlen errechnen. Lagereingangsfortschrittszahl minus Lagerausgangsfortschrittszahl, das ist prima.

So wenig Rechnen und Speichern. Das muß ja ein blitzschnelles System ergeben. Eine Voraussetzung gilt natürlich für diese Vorgehensweise: First in First out. Diese Lagerstrategie, die man auch kurz FIFO-Strategie nennt, basiert auf dem Prinzip, daß immer der älteste Lagerbestand als erstes aufgebraucht wird. Aber das ist ja bei uns sowieso Vorschrift, denn als Zulieferunternehmen schreiben dir die Kunden diese Methode vor. Und eines ist auch klar, direkte Materialreservierungen, wie sie im Segment Einzelfertigung durchgeführt werden, sind tabu. Wer zuerst kommt, mahlt zuerst. Aber das System soll ja auch nicht in der Einzelfertigung verwendet werden, da genügt das gute alte SST.

So, jetzt fehlt mir nur noch das Thema mit dem Dispositionsspielraum pro Fertigungssegment. Dieser Freiheitsgrad pro Verantwortungsbereich bedeutet ja, das Untermaterial muß früher zur Verfügung stehen. Obwohl, es könnte ja auch bedeuten, der Abliefertermin wird um einen Tag nach vorne geschoben, dann kann das Fertigungssegment um einen Tag überziehen. Das zweite Variante gefällt mir nicht so gut. Ich glaube, da muß ich einfach den Fachmann entscheiden lassen. Gesagt, getan. Ich verlasse meinen Arbeitsplatz und begebe mich auf die Suche nach Müller.

Ich betrete die Fabrikhalle, in der das Segment Aschenbecher untergebracht ist. Hier herrscht relative Ruhe. Weder das jämmerliche Getöse von Stanzapparaten, wie in der Einzelfertigung, noch das Konzert von zischenden Spritzgußmaschinen aus dem Segment Spritzguß. Aber es handelt sich hier ja auch um eine Montage. Eines sticht aber doch negativ ins Auge. Hinten auf der anderen Seite erkenne ich die Silhouette des Endteilelagers. Das macht mir schon den Eindruck, daß dort das Geld quasi vergraben liegt. Ich eile zwischen den Linien und schaue mich suchend um, denn Müllers Sekretärin hat gemeint, draußen in der Produktion sei er zu finden. Zu guter Letzt sehe ich ihn, wild gestikulierend, in einer Traube von Menschen. Als ich näher komme, erkenne ich den Mann, der ihm gegenübersteht. Diese Gestalt vergißt man nie, wenn man sie einmal gesehen hat. Drei Straßenzüge entfernt von mir wohnt dieser Berg von Mann – ich tippe, der hat mindestens 150 Kilo. Außerdem watschelt er wie eine Ente. Daß der sich überhaupt noch vorwärts bewegen kann, ist ein Wunder. Dagegen ist Roger richtig schmächtig. Und die Krönung ist der Haarschnitt. Dieser läßt darauf schließen, daß sein Friseur den Kunden zum Schneiden einfach einen Kochtopf aufsetzt.

Müller wirkt erleichtert, als er mich sieht. „Ich brauche sie mal kurz", rufe ich ihm zu. „Ja, sofort", antwortet er mir. Und den anderen erklärt er, daß er nun einen Termin habe. Der Dicke blökt ihm nach: „Und das nächste Mal will ich wissen, wenn wir das gleiche Teil an zwei Tagen hintereinander produzieren sollen. Dann können wir uns viel Zeit sparen und die zwei Mengen auf einen Rutsch fertigen." Müller beantwortet diese Bemerkung mit einer wegwerfenden Handbewegung und wendet sich mir zu. „Kommen sie, wir gehen in mein Büro", sagt er, „Manche haben immer noch nicht kapiert, was KANBAN bedeutet. Die sollen nur das produzieren, was von ihnen gefordert wird." Ohne weitere Worte begeben wir uns zu der Tür, durch die ich die Produktion betreten habe. Ich glaube, er hängt noch dem Zwiegespräch nach, denn kurz bevor wir sein Zimmer erreichen meint er: „Er hat schon recht. Wenn man die durchschnittlichen Rüstzeiten an seiner Linie betrachtet, wäre es geschickt, wir könnten die Mengen von ein und dem selben Produkt fallweise zusammenfassen." Ich nehme gegenüber Müllers Schreibtisch Platz. „Genau deshalb bin ich zu ihnen gekommen", beginne ich. „Ich mache mir gerade Gedanken über den Dispositionsspielraum. Jetzt nehmen wir das Beispiel von vorhin. Wenn wir dort einen Dispositionsspielraum von einem Tag festlegen und den Leuten die Bedarfstermine über eine größere Zeitspanne bereitstellen, dann könnten sie doch solche Problemstellungen elegant lösen. Dann bleibt nur die Frage, wie rechnen wir das? Dafür stehen zwei Möglichkeiten zur Verfügung. Entweder wir verschieben alle Endetermine für die Linie um einen Tag zurück, oder wir lassen den Spielraum auf die Unterteile wirken. Das bedeutet, die Unterteile stehen einen Tag früher zur Verfügung." Müller grübelt. „Sie beziehen den Dispositionsspielraum nur auf die Zeit", fragt er. Zumindest habe ich es als Frage interpretiert. „Klar, wir können doch die Mengen nicht willkürlich ändern." „Ja, da stimme ich zu. Also, ich würde diese Vorlaufzeit nur auf die Unterteile wirken lassen. Denn, wenn wir den anderen Fall bevorzugen, dann hätten wir immer das Problem, daß wir bei Rückstand in der Produktion prüfen müßten, ob er im Dispositionsspielraum liegt oder nicht." Also ist er auch für meine Variante. Ich spiele das Beispiel im Kopf durch. Der Dicke, da draußen, könnte die Mengen von zwei Tagen zusammenfassen und das Untermaterial bei der vorgelagerten Produktionsstätte bestellen. Kein Problem, denn deren Produktionsendetermin ist ja um den einen Tag verschoben und gilt als verbindlich.

Ich will gerade aufstehen und mich für die Auskunft bedanken, als Müller ansetzt: „Und was ist mit den Kapazitäten?" „Da habe ich mir noch keine Gedanken gemacht, denn ich weiß noch nicht, wie wir die Erfahrungswerte abbilden können", erwidere ich. „Kommen sie, bleiben sie da. Das erledigen wir sofort, mir ist da nämlich etwas Praktisches eingefallen", sagt er. Ich lehne mich gemütlich zurück und lausche den Worten von Müller. „Wissen sie, eigentlich müßte das mit den Kapazitäten doch ganz einfach sein. Heute steuern wir nämlich über den Erfahrungswert 'TAGMAX'. Wir verstehen darunter die maximale Ausbringung von einem Teil am Tag. Mit diesem Wert laufen die Verantwortlichen der Produktion im Kopf herum. Und übersteigt eine Anforderung diesen Wert, dann versuchen sie sofort in die Fremdfertigung auszulagern. Diese Zahl ist zwar außerordentlich grob, aber im Großen und Ganzen läßt sich die Produktion damit steuern." „Das erscheint mir suspekt", sage ich, „An einem Tag laufen doch verschiedene Teile über eine Fertigungslinie. Der Wert, den sie zur Steuerung benutzen, berücksichtigt diese Umstände nur unzureichend." „Das ist richtig. Aber ich habe doch auch gemeint, daß es sich dabei um einen groben Wert handelt. Wir müssen ja im Kopf rechnen, da können wir keine komplizierten Verfahren einsetzen", erwidert er. Hypothetisch meint er: „Angenommen, wir verfeinern diesen 'TAGMAX' und rechnen ihn gegen das Kapazitätsangebot, das müßte doch genügen. Mich interessiert sowieso nur, ob die Kapazität bis zu einem Zeitpunkt reicht oder nicht." „Wie muß ich das verstehen?" frage ich, um seine Idee zu begreifen. Wie aus der Pistole geschossen, antwortet Müller: „Es gibt doch einen Endetermin, an dem eine Linie ein bestimmtes Produkt mit einer vorgegebenen Menge produzieren soll. Nehme ich diese Menge und teile sie durch unseren neuen 'TAGMAX', so habe ich doch die Kapazitätsbelastung, die ich für die Produktion benötige. Diese schreibe ich genau zum Endetermin fest. So gehe ich mit allen Fertigungsanforderungen vor. Wenn ich jetzt noch das Kapazitätsangebot als Summe darstelle, und die beiden Werte miteinander vergleiche, dann erkenne ich doch sofort, ob die Kapazität reicht oder nicht!" Das ist ein Wort, jetzt sehe ich klar. Der Müller hat schon was im Kopf. Ich schwenke auf seine Denkweise ein und folgere: „Bei dieser Vorgehensweise ist es unerheblich, wann genau ein Teil produziert wird. Es ist nur entscheidend, daß ein Teil bis zu seinem Abliefertermin eine bestimmte Kapazität bindet." „Genau so ist es", freut sich Müller, „Und wenn jetzt in der Produktion Bedarfe für ein Teil zusammengefaßt werden, dann ändert das nichts an der Gesamtaussage: Spätestens zum Abliefertermin muß die Kapazität erbracht werden." Das gefällt mir. In mir keimt die Vermutung auf, daß hier auch die Fortschrittszahlen helfen können.

So, jetzt verabschiede ich mich endgültig und eile zurück zu meinem Arbeitsplatz. Nur nichts vergessen, bevor es im Computer gespeichert ist. Der Gedankenblitz, die Kapazität über eine Fortschrittszahl abzubilden, läßt mich nicht los. Denn bei der Rückmeldung muß die Kapazitätsbelastung ebenfalls verringert werden, genauso wie die eingebauten Unterteile. Zwar ist die Mengeneinheit nicht Stück, aber mit Stunden oder Minuten müßte das doch auch gehen. Und ich hätte wieder das einfache Erhöhen einer Fortschrittszahl, schon wird die Belastung reduziert. Keine Datensätze löschen, keine umständlichen Neuberechnungen. Wie nenne ich bloß diese Fortschrittszahl? Belastungsfortschrittszahl, so bezeichne ich den Anker. Hier werden alle abgearbeiteten Kapazitätsbelastungen zu einem Teil summiert. Und Belastungsplanfortschrittszahl heißt die Fortschrittszahl, in der alle geplanten Fertigungsmengen zu einem Teil summiert werden. Quasi analog zu der Vorgehensweise bei den Prozeßelementen. Und der Nebeneffekt, schon allein der ist interessant. Man weiß genau, wieviel Kapazitäten für ein Teil seit der letzten Nullstellung der Belastungsfortschrittszahl verbraucht wurden. Es ist spät geworden, aber das muß noch in ein Bild, dann bin ich mit der Steuerung soweit fertig und kann morgen an die Planung gehen.

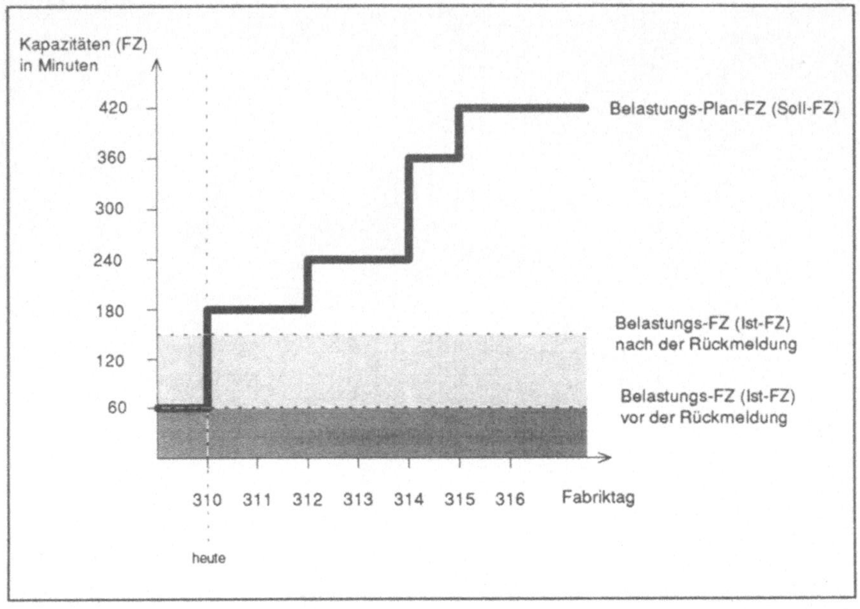

Kapazitätsbelastung pro Teil

10 Die zweite Anforderung: Planung

*Alles sollte so einfach wie möglich gemacht
werden,
aber nicht einfacher.*

Albert Einstein

Ein neuer Morgen beginnt. Der Regen prasselt gegen meine Scheibe, und das Aufstehen fällt noch schwerer als sonst. Aber wie soll es auch anders sein, wenn man die ganze Nacht von Fortschrittszahlengebirgen träumt. Bis ich in der Firma ankomme, vergehen geschlagene drei Stunden. Ich konnte mich einfach nicht früher von zuhause loseisen. Selbst, als ich schon im Auto saß, hörte ich noch das leise Rufen meines Bettes: Komm, bleibe daheim, hier ist es gemütlich.

Aber jetzt bin ich wieder fit wie ein Turnschuh. Zwar noch etwas verknautscht, aber mit den Gedanken schon richtig beim Thema. Um genau zu sein, die Kapazitäten schwirren mir noch im Kopf herum. Mit dem sogenannten 'TAGMAX' komme ich noch nicht zurecht. Die maximale Ausbringung von einem Teil am Tag, so sagte Herr Müller. Um diesen Wert dem Kapazitätsangebot gegenüber zu stellen, brauchen wir eine kleinere Einheit, ansonsten ist das nicht effektiv. Die maximale Ausbringung pro Stunde wäre da sinnvoll. Und außerdem brauchen wir das pro Prozeßelement. Denn überall können Kapazitätsengpäße auftreten. Es fehlt jetzt nur eine gescheite Definition, was diese maximale Ausbringung pro Stunde bedeutet. Maximal bedeutet ja, mehr geht nicht. Also muß für die Bestimmung der gesamte Verantwortungsbereich an diesem Teil arbeiten und keine anderen Teile parallel produzieren. Das würde bedeuten, wenn der Verantwortungsbereich sagt, er kann 150 Stück von einem bestimmten Teil pro Stunde produzieren, dann kann ich darauf schließen, daß das die minimale Durchlaufzeit ist. Genau, und damit kann ich ja mühelos die Kapazitäten rechnen. Ist der Plan für einen Endetermin 300 Stück, dann ergeben sich sofort 2 Stunden Bearbeitungszeit. Das läßt sich wunderbar gegen das Kapazitätsangebot fahren. Für das Angebot nehme ich den Fabrikkalender aus dem SST-System und unterlege diesen mit den effektiven Arbeitsstunden pro Tag. Dann habe ich in kürzester Zeit den Vergleich zwischen Kapazitätsangebot und -belastung. Was mir bei der Rechengeschwindigkeit unwahrscheinlich hilft, ist die Berechnung der Kapazitätsbelastung über Fortschrittszahlen.

Die Tür geht auf. Herein kommt Müller und schaut mir prompt über die Schulter. „So, sind sie bei den Kapazitäten?" fragt er. „Ja, ich glaube ihre Idee läßt sich prima verwirklichen", sage ich und erzähle ihm, wie ich das anstellen möchte. Er nickt mit dem Kopf, es scheint ihm zu gefallen – doch, auf einmal schaut er nachdenklich. „Es gibt Verantwortungsbereiche, in denen zwei oder mehr Produkte gleichzeitig gefertigt werden. Wie läßt sich denn das darstellen?" zweifelt er. „Ist doch ganz einfach. Für beide Produkte habe ich einen maximalen Ausstoß. Wenn dann zwei zum Beispiel den selben maximalen Ausstoß haben und gleichzeitig gefertigt werden, verdoppelt sich eben die Durchlaufzeit, aber die Kapazitätsbelastung bleibt in Summe erhalten", sage ich selbstsicher. „Ganz so einfach geht das aber nicht. Nehmen wir an, eine Fertigungseinheit besteht aus acht Maschinen. Meistens werden für ein Teil alle acht Maschinen benötigt. Dann kann man mit ihrer Annahme ordentlich arbeiten. Gibt es jedoch Teile, die nur vier Maschinen benutzen, so kann parallel auf den anderen vier Maschinen ein anderes Teil gefertigt werden. Wie soll das denn abgebildet werden?" Jetzt bin ich platt wie eine Flunder. Bei diesem Argument sehe ich mein Konzept im Papierkorb verschwinden. Angestrengt überlege ich. Die Definition maximale Ausbringung stimmt doch. Zwar werden nur vier Maschinen im Verantwortungsbereich benutzt, aber die Durchlaufzeit ist maximal. Schneller geht es einfach nicht. Aber wie ist es mit der Kapazitätsbelastung? Da ist der Hund begraben. Die Belastung halbiert sich in diesem Fall, da die Fertigungseinheit noch etwas anderes parallel produzieren kann. Müller scheint in die gleiche Richtung zu denken und sagt: „Wenn ich ein Klassiker wäre, dann würde ich jetzt von einer Feinplanung auf Maschinenebene träumen, mit der wir den detaillierten Durchlauf durch eine Fertigungseinheit planen könnten. Aber das kann es doch nicht sein!" Nach einer kurzen Pause ergänzt er: „Fakt ist, in meinem Beispiel verringert sich die Kapazitätsbelastung um die Hälfte. Genau das sollten wir einstellen können. Gewissermaßen eine Stellschraube, mit der man jedes Teil zwischen Null und Hundert Prozent bewerten kann. Damit definiert man, wieviel ein Teil effektiv an Kapazität aus einem Verantwortungsbereich verbraucht. Das würde meiner Meinung nach genügen." Ich bin mir noch nicht so recht schlüssig. Jedoch – um so länger ich darüber nachdenke – diese Stellschraube könnte mein Konzept retten. Ich bedanke mich für den Einfall und Müller strahlt. Nach dem Motto, jeden Tag eine gute Tat, zieht er wieder von dannen.

Mit der Türklinke in der Hand, wendet er sich noch mal um: „Sie sollten mal überlegen, ob eine ähnliche Stellschraube beim Kapazitätsangebot nützlich wäre?" Und schwupp, weg ist er. Wie kommt er denn darauf, frage ich mich. Das Kapazitätsangebot willkürlich verringern? Das besteht doch eh nur aus den effektiven Arbeitsstunden. Das ist doch Blödsinn – unnötiger Hirnschmalz. Ich bin erst mal zufrieden. Die Kapazitäten sind abgeschlossen.

Die zwei Seiten 'Anforderungen an die Planung' liegen vor mir. Ich studiere die Punkte. Die Anforderung mit der Aktualität hake ich ab, das läßt sich lösen. Über die Lagerausgangs- und Lagereingangsfortschrittszahl habe ich die richtigen Kenngrößen. Mir macht die Abweichungsanalyse, die Vreni gefordert hat, noch einiges Kopfzerbrechen. Über die Bedarfs- und Produktionsplanfortschrittszahl habe ich zwar die geeigneten Kennzahlen, aber die gilt es sinnvoll zu vergleichen. In Gedanken übernehme ich offene Bedarfstermine und -mengen aus dem zentralen Regelkreis Materialwirtschaft und lege für die Fortschrittszahlberechnung die Produktionsfortschrittszahl zugrunde. So lassen sich die Bedarfsfortschrittszahl und die Produktionsplanfortschrittszahl in einer Grafik darstellen.

Ich zeichne das Bild auf meinem PC.

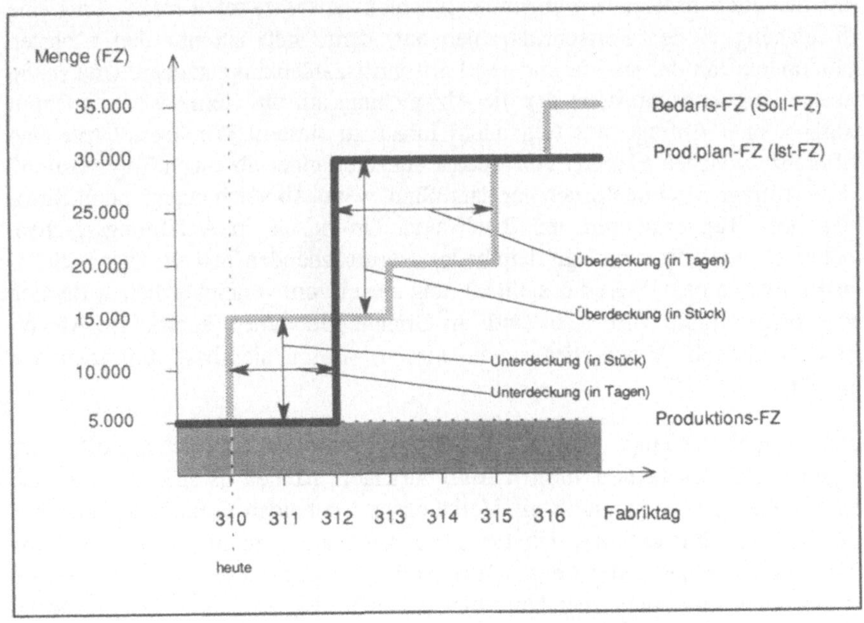

Vergleich Bedarfs-FZ mit Produktionsplan-FZ

Was mir quasi ins Auge springt, ist: An jeder Veränderungsstelle von einer der beiden Fortschrittszahlenreihen kann eine Abweichungsinformation erstellt werden. Damit steht eine gesamtheitliche Auskunft über das Teil zur Verfügung.

Wie können die Differenzinformationen ausgewertet werden?

Zuerst einmal kann die absolute Mengenabweichung dargestellt werden, und zwar über die Zeitachse ausgewertet. Das heißt, wenn man zu einem bestimmten Zeitpunkt die beiden Fortschrittszahlen auswertet, so erhält man die Mengendifferenz, die bis zu diesem Stichtermin aufgelaufen ist. Genau das möchte man ja in einer Serienproduktion wissen. Unter der Voraussetzung, daß in der vorgelagerten Periode 3000 Stück zu wenig produziert wurden, ist es nämlich völlig unerheblich, daß an einem bestimmten Tag 500 Stück mehr gefertigt werden, als an diesem Tag Bedarf sind. In dem Fall müssen 3000 Stück zusätzlich her, und sonst nichts. Und genau das erkennt man bei Fortschrittszahlen sofort.

Die Anforderung von Vreni, 'Wie lange tritt die Mengendifferenz auf', kann über die Fortschrittszahlen ebenfalls geschickt ausgewertet werden. Tritt eine Abweichung in den Fortschrittszahlen auf, dann muß ich nur den nächsten Schnittpunkt mit der jeweils anderen Fortschrittszahlenkurve suchen. Und schon habe ich die Zeitspanne, in der die Abweichung auftritt. Somit ist es jederzeit möglich, eine Abfrage mit folgendem Inhalt zu starten: Wo überall tritt eine Differenz zwischen Planung und Bedarf auf, die länger als einen Tag existiert? Diese Abfrage macht natürlich nur dann Sinn, wenn Abweichungen, die maximal über einen Tag existieren, unkritisch sind. Unkritisch, in Anführungszeichen, können sie nur sein, wenn auf dem bedarfsverursachenden Teil ein Dispositionshorizont von einem Tag eingestellt ist, und dieser vom verantwortlichen Bereich nicht ausgeschöpft wird. Also sind, im Grunde genommen, auch diese Abweichungen kritisch. Vreni wird schon wissen, warum sie diese Informationen braucht.

Jetzt ist noch die Frage nach den Prozentpunkten einer Abweichung offen. Im Gegensatz zu den beiden vorigen Anforderungen, handelt es sich hier um eine relative Kenngröße. Sie stellt die Verhältnisse der beiden Fortschrittszahlenreihen dar. Mir fällt auf, daß ich für diese Auswertung nicht einfach die Fortschrittszahlen miteinander vergleichen darf. Ansonsten wäre ein und dieselbe Abweichung kurz nach einer Nullstellung viel höher, als später. Dazu brauche ich ein Beispiel und nehme an, die Planung ist die Vergleichsbasis und die absolute Mengendifferenz ist 5000. Dann bedeutet das, ist die Produktionsplanfortschrittszahl 10000 und die Bedarfsfortschrittszahl 5000, so folgt, die Überdeckung ist 50 Prozent. Ist jedoch die Produktionsplanfortschrittszahl 20000 und die Bedarfsfortschrittszahl 15000, so ist die Überdeckung nur 25 Prozent. Wow, durch das Beispiel erkenne ich, daß ich gerade eine ganz andere Anforderung gelöst habe. Und zwar folgende: Bei der Abweichungsanalyse sollen die kurzfristigen Änderungen höher bewertet werden, als die langfristigen. Je größer nämlich eine Fortschrittszahl wird, desto geringer wird die Abweichung von ein und derselben Differenzmenge. Trotzdem brauche ich eine Basisgröße, mit der ich den relativen Abweichungsvergleich mittels Prozentpunkten zwischen den beiden Fortschrittszahlenreihen immer wieder justieren kann. Die Aufsetzfortschrittszahl ist die Basis! In meiner Grafik ist es die Produktionsfortschrittszahl. So wird der Vergleich zwischen Bedarfsfortschrittszahl und Produktionsplanfortschrittszahl unabhängig von der Höhe der Fortschrittszahlen immer die identischen Ergebnisse liefern. Zusätzlich bleibt die Information erhalten, daß kurzfristige Anforderungen in einer Planung höher bewertet werden als langfristige Anforderungen in der analogen Planung.

Für das grafische Beispiel von oben 'Vergleich Bedarfs-FZ mit Produktionsplan-FZ' schreibe ich alle verfügbaren Informationen in eine Tabelle:

Fabriktag	Bedarfs-menge	Bedarfs-FZ	Produktions-planmenge	Produktions-FZ
< 310	Daten sind uninteressant, da die Produktions-FZ > Bedarfs-FZ			
310	10.000	15.000		5.000
312		15.000	25.000	30.000
313	5.000	20.000		30.000
315	10.000	30.000		30.000
316	5.000	35.000		30.000

Dazu formuliere ich die folgenden Auswertungsmöglichkeiten. Als Vergleichsbasis verwende ich die Produktionsplanfortschrittszahl.

Fabriktag	Mengen-abweichung	Abweichung in Tagen	prozentuale Abweichung	Bemerkung
< 310	keine Auswertung			
310	-10.000	-2	unendlich	bis zu diesem Termin noch kei-ne Planmengen
312	15.000	3	60	es wird zuviel produziert
313	10.000	2	40	immer noch Überdeckung
315	0	0	0	Ist-FZ = Soll-FZ
316	-5.000	- unendlich	-20	Unterdeckung, keine weiteren Planmengen

Die prozentuale Abweichung habe ich prompt zweimal gerechnet, da ich beim ersten Mal einen Fehler gefunden habe. Dann habe ich eine korrekte Formel für das Beispiel erstellt und nochmals alles durchgerechnet. Die Formel lautet:

Prozentsatz =   100 - (Bedarfs-FZ - Prod.-FZ) * 100 / (Prod.plan-FZ - Prod.-FZ)

Am Beispiel Fabriktag 312 bedeutet das:

Prozentsatz =   100 - (15.000 - 5.000) * 100 / (30.000 - 5.000)
Prozentsatz =   100 - 10.000 * 100 / 25.000
Prozentsatz =   60 %

Ich glaube, daß ich jetzt alle Bausteine für eine Planung habe. Die zwei Seiten mit den Anforderungen lese ich gewissenhaft durch. Ich erkenne, meine Konzeption ist wasserdicht. Sie sollte nur noch mit einem Fachmann durchgesprochen werden. Nur, wer ist in der Lage meinen Ansatz schnell zu verstehen?

Nicht nötig länger darüber nachzudenken, denn im Moment kommt mich Vreni besuchen. „Sag mal, wo steckst du denn?" fragt sie, „Du hast dich seit unserem Ausflug gar nicht mehr gemeldet. Bist du vielleicht böse mit mir?" Hoppla, sie scheint mich zu vermissen. Ich antworte: „Nein, warum denn?" „Ich wüßte auch keinen Grund", meint sie, „Aber bei euch Männern weiß man nie!" Sie grinst mich an. „Ich habe hier schwer geschuftet und ein Fortschrittszahlenkonzept erstellt", sage ich, „Übrigens gut, daß du da bist, ich brauche jemanden, mit dem ich das noch mal durchsprechen kann." „Da wird bei mir aber die Zeit knapp, denn ich muß heute Abend unbedingt mein Pferd bewegen. Das steht schon seit drei Tagen im Stall", spricht sie. „Was!" Wie elektrisiert schaue ich sie an und rufe: „Du reitest! Das haut mich glatt um. Wie bist du denn dazu gekommen?" „Ach, ich reite schon seit elf Jahren. Nur freizeitmäßig, aber das macht tierisch Spaß", antwortet sie. „Ich bin früher auch mal geritten, als ich noch jung und dumm war", sage ich. „Und heute bist du nur noch dumm, oder?" flachst sie. „Quatsch, damals bin ich sogar Turnier geritten. Da war ich so circa dreizehn. Daheim bei Mutter steht sogar noch ein Pokal, von einem Jugendturnier, das ich gewonnen habe. Damals, da war Reiten mein Ein und Alles", stelle ich fest. „Und warum hast du dann aufgehört?" fragt sie. „Ganz einfach. Irgendwann kommt die Zeit, wo es wichtigere Dinge als Reiten gibt." „Wichtigere Dinge? Du meinst vermutlich Schule und so." „Pah Schule, das war doch nicht wichtig! Die Mädels waren es, die mir den Kopf verdreht haben. Da mußte man Samstag Abend in die Disco. Sonntag morgens auf Turnier, das war einfach nicht mehr drin. Da mußte ich mich entscheiden. Und außerdem war das die Zeit, in der sich meine Eltern scheiden ließen." Vreni überlegt und sagt anschließend: „Hast du keine Lust mal wieder auf einem Pferd zu sitzen?" „Doch, ich würde es gern wieder probieren", meine ich. „Komm einfach heute Abend mit, ich treibe schon noch ein Pferd auf, das du reiten kannst." „Das ist ja toll, ich bin dabei", freue ich mich.

Es ist sechzehn Uhr. „Aber, was ist mit meinem Konzept", fällt mir siedend heiß ein. „Ich weiß auch nicht. Müssen wir das noch machen?" stochert Vreni nach. „Ich glaube schon, sonst komm' ich nicht mehr weiter." „Also gut, zuerst die Arbeit, dann das Vergnügen", gibt sie nach, „ich muß aber Martina anrufen, ob sie uns ein Pferd ausleiht." Während Vreni telefoniert, sortiere ich meine Folien und bereite mich auf meinen Vortrag vor. Je schneller wir fertig sind, desto früher kommen wir zum Reiten.

„Es klappt", sagt sie und legt den Hörer auf die Gabel, „Leg los, dann können wir bald gehen." Und ich lege los. Wie der Teufel erzähle ich ihr alle geistigen Errungenschaften. Vreni ist ganz Ohr, und ich glaube sie kann meinen Worten folgen. Die Folien bemustert sie intensiv und stellt hie und da ihre Fragen. Ich berichte ihr auch über die Stellschraube, die Müller in das Konzept eingebracht hat.

Zum Schluß sage ich: „Weißt du, was Müller noch gemeint hat? Er möchte auch eine Stellschraube für das Kapazitätsangebot einführen. Er hat aber nicht gesagt, warum er das will. Absoluter Blödsinn, finde ich. Am Schluß erkennt man den Wald vor lauter Bäumen nicht mehr." „Das finde ich gar nicht so blöd", erwidert Vreni sicher, „Schau mal, die effektiven Arbeitsstunden sind auf einen normalen Arbeitstag ausgelegt. Und es gibt Tage, an denen wird diese effektive Stundenanzahl nicht erreicht." „Wie muß ich denn das verstehen?" frage ich. „Nimm doch mal den ersten Mai", argumentiert sie, „Da sind doch die meisten Menschen irgendwo unterwegs. Einige davon trinken einen über den Durst, und wie es immer ist, unsere Leute aus der Produktion sind auch darunter. Am zweiten Mai ist dann die halbe Belegschaft im Koma und tritt nicht zur Arbeit an. Spürst du, was ich denke?" Tja, vor der Tatsache kann ich mich nicht verschließen. Das geplante Kapazitätsangebot leidet in solch einer Situation und am Ende fehlen die geplanten Teile. Also müßte jeder Verantwortungsbereich die Möglichkeit haben, auf das Kapazitätsangebot einzuwirken. Zu Vreni sage ich: „Daran habe ich gar nicht gedacht. Da brauchen wir doch eine Stellschraube. Aber wenn die verändert wird, dann sollten die Leute einen Text eingeben müssen, warum sie das tun. Dann kann man überprüfen, daß keiner am Angebot zuviel herumdreht." „Das mit dem Text finde ich eine gute Idee", sagt sie, „Denn überprüfbar muß es schon sein."

Wir sind fertig, auf Los geht's los. Ich schalte den PC aus und schließe schnell die Türe hinter mir, damit ich meinen Saustall nicht mehr sehe. Mit Vreni habe ich vereinbart, daß ich sie zu Hause abhole. Doch zuerst muß ich zu mir, meine Kleider wechseln.

Ich stehe vor meinem Schrank und starre hinein. Was soll ich denn anziehen? Die Reithose aus Kindertagen finde ich bei den langen Unterhosen. Nachdem beim Anprobieren der Schritt reißt, schließe ich daraus, daß sich bei mir nach der Reiterzeit noch ein gehöriger Wachstumsschub vollzogen hat. Also gut, runter mit den Klamotten und die gute alte Jeans an. Wäre doch gelacht, wenn es mit der nicht auch funktionieren würde. Natürlich paßt auch das geeignete Schuhwerk nicht mehr, da helfen nur Turnschuhe. Jetzt sehe ich genauso aus, wie die Reiter, die mein Vater so unwahrscheinlich leiden konnte. Die Typen hat er immer mit Bergsteigern verglichen, die mit Straßenschuhen einen Klettersteig bezwingen wollen.

Kurze Zeit später lade ich Vreni in den Wagen, und wir starten zum Pferdehof 'Untere Mühle'. Über den Tag hat es aufgehört zu regnen, und man könnte meinen, daß er sich nun mit einem grandiosen Abendrot verabschieden möchte. Es ist schon spät, deshalb beeilen wir uns nach der Ankunft. Zuerst die Pferde aus dem Stall, putzen und Hufe auskratzen. Das ist einfacher gesagt, als getan. Denn meine Mähre will partout ihre Hufe nicht hergeben. Das wäre ja noch mal schöner, die weiß wohl nicht mit wem sie es zu tun hat. Ich ziehe an den Beinen, nichts. Nach fünf Minuten gebe ich auf. Hilfesuchend wende ich mich an Vreni. Sie ist schon mit Satteln beschäftigt, läßt mich aber mit meinem Schicksal nicht allein. Mittels dem Zauberwort 'Auf' hebt das Pferd, wie von Gotteshand berührt, die Beine; immer den Huf, an dem sich Vreni gerade befindet.

Endlich haben wir es geschafft. Wir verlassen den Hof durch ein Tor, das uns direkt auf einen Wiesenweg führt. Apropos, der Hof hat seinen Namen auch nicht von ungefähr. Er liegt in einer herrlichen Senke, links und rechts steigt der Wald terassenartig an und im Tal sattes Grün, soweit das Auge reicht. Mittendrin schlängelt sich ein plätschernder Bach durch die Wiesen und fließt so nah an dem Gehöft vorbei, daß es keineswegs verwundert: Hier wurde in grauer Vorzeit das Getreide gemahlen. Ein altes Mühlrad zeugt noch von dieser Begebenheit. Und heute ist die Mühle das Zuhause von über fünfzig Pferden. Die Vierbeiner müssen ja vermuten, sie leben im Paradies.

Wir lassen die Pferdekoppeln im Schritt hinter uns und beschleunigen das Tempo, als wir in einen Waldweg einbiegen. Meine Reitkünste sind besser über die Zeit erhalten geblieben, als meine Putzkünste. Ich merke, das Pferd ist gut ausgebildet. Es reagiert ausgezeichnet auf die Hilfen. Vreni führt mich zu den entlegensten Ecken, die man sich vorstellen kann. Zumindest, wenn ich meinen Maßstab anlege. Und eines ist mir klar, wenn ich hier alleine wäre, dann würde ich nicht mehr zurück finden. Kreuz und quer haben wir uns im Wald bewegt, haben schmale Pfade benutzt, breite Wege überquert und sind einige Male rauf und runter geritten. Langsam schmerzt der Hintern, denn wir sind jetzt schon fast eine Stunde unterwegs. Ich bin heilfroh, als Vreni auf eine Waldlichtung deutet und meint: „Da hinten, kommen wir wieder ins Wiesental zurück." Wir reiten auf die Öffnung zu. Was ich sehe, verzückt mich. Am Horizont erkennt man die Mühle, und darüber das glutrote Firmament. In einem Heimatfilm könnte die Szene nicht besser dargestellt sein. Auch Vreni ist ganz schwärmerisch und behauptet, daß wir einfach Glück haben.

Einen kurzen Moment später fragt sie mich: „Traust du dir zu, über einen Wassergraben zu springen?" Klar, Wassergräben waren früher meine Spezialität. Zügel aufnehmen, Schenkel zu und drüber. Das ist doch kein Problem. Vreni zeigt den Weg und galoppiert an. In gebührendem Abstand folge ich ihr. Vor mir sehe ich, wie ihr Pferd elegant abhebt und sicher auf der anderen Seite landet. Zwanzig Meter vor dem Sprung gebe ich aktiv Hilfen, verkürze die Zügel und beschleunige noch etwas. Doch – von wegen Spezialität, das Luder verweigert so abrupt, daß ich mich rücklings im lehmigen Bachbett wiederfinde. Das Wasser gluckert in meinen Schuhen und die Hose ist pitschnaß. Aus den Augenwinkeln erkenne ich, wie der Bock die kurze Pause zum Anlaß nimmt, sich an dem Wiesengras zu laben.

Vreni springt vom Pferd und rennt auf mich zu. Als sie erkennt, daß ich aus dem Wasser krieche schüttet sie sich vor Lachen aus. Das war ja ein Reinfall, ich binde die Schuhe auf und gieße das Restwasser in die Wiese. Ganz besorgt fragt sie mich, ob mir etwas passiert sei. In einer Hand hält sie die Zügel ihres Pferdes. Als sie mich erreicht, kniet sie vor mich hin und streicht mir ganz unerwartet mit der freien Hand übers Haar. Diese Chance lasse ich mir nicht entgehen, die Zeit ist reif. Die Schuhe gleiten ins Gras und ich fasse zu. „Dir scheint es wieder prächtig zu gehen!" stößt Vreni hervor und reißt sich los, „ Wir sind hier zum Reiten, nicht zum Liebesabenteuer. Schau lieber nach deinem Pferd, ob dem etwas passiert ist." Bumm, das hat gesessen. Bei dem Geschrei hebt der Gaul kurz den Kopf, läßt sich aber nicht weiter vom Fressen abhalten. Ich bin stinkig, ziehe die Schuhe an und fange das Pferd ein. So eine Abfuhr! Wortlos führe ich das Pferd über den Graben, steige auf und reite Richtung Hof. Vreni folgt mir.

So wenig, wie an diesem Abend, habe ich schon lange nicht mehr geredet. Ich liefere Vreni vor ihrer Haustüre ab. Über meine Lippen kriecht gerade noch ein leises Tschüs, mehr nicht. Sie soll merken, daß meine Geduld jetzt am Ende ist. Soll sie doch bleiben, wo der Pfeffer wächst.

11 Die dritte Anforderung: Simulation

*Man muß die Dinge so tief sehen, daß sie
einfach werden.*

Konrad Adenauer

Ich habe ja nicht geglaubt, daß mir zur Simulation etwas Vernünftiges einfällt,
aber die Fortschrittszahlen machen es möglich. Vielleicht war es auch die Wut
im Bauch über Vrenis Verhalten, die mich zu geistiger Höchstleistung trieb.
Egal, jetzt ist auch für die Simulation eine Basis gelegt. Ich nehme nochmals das
Papier 'Anforderungen an die Simulation' aus meinem großen Stapel. Können
die Fragen alle beantwortet werden?

Als typisches Bild für die Notwendigkeit einer Simulation führe ich mir den auf-
geregten Anruf eines Kunden vor Augen. Ganz dringend, so fleht er ins Telefon,
brauche er von einem bestimmten Teil eine Zusatzlieferung bis morgen; ansonsten stehe seine Produktion, und er wird um einen Kopf kürzer gemacht. Genau,
in dem Fall stehen für die Simulation folgende Eingangsgrößen zur Verfügung:
Das Prozeßelement, die Zusatzmenge und der Termin, zu dem das Prozeßelement erstellt sein soll. Als Basisinformationsquelle bin ich auf eine Strukturan-
zeige über den gesamten Prozeß angewiesen. Ich bin der Meinung, daß ich die
gar nicht neu erfinden muß. Dazu nutze ich einfach das SST-System, denn:
Wenn wir die Prozeßelemente im Teilestamm abbilden, und die Verknüpfungen
in der Stückliste, dann hilft mir das Programm 'Stücklistenanzeige als Struktur'.
Ich gehe die Anforderungen Punkt für Punkt durch und sortiere meine Lösungen
entsprechend den aufgeschriebenen Fragen.

**Welche Bedarfsmenge resultiert brutto bzw. netto aus der kurzfristigen
Bedarfsanforderung?**

Für den Bruttozusatzbedarf multipliziere ich die Zusatzmenge mit dem Mengenfaktor, der zu jedem Element in der Prozeßkette ausgewiesen wird. Beim
Nettozusatzbedarf wird es etwas schwieriger. Dazu nehme ich an: Der Nettozusatzbedarf ist der Bedarf, bei dem der Bedarf des Verursachers um die frei verfügbare Menge (ebenfalls des Verursachers) reduziert wird. Das heißt, auf jeder
Prozeßstufe wird der Bedarf um die frei verfügbare Menge reduziert. Das Er-

gebnis ist, multipliziert mit dem Mengenfaktor des Unterprozeßelements, die Nettozusatzbedarfsmenge des untergeordneten Prozeßelements.

Welcher Bestand ist am Lager?

Die Lösung habe ich im zentralen Regelkreis Materialwirtschaft ausgemacht. Dort habe ich pro Prozeßelement die Information verfügbar: Lagereingangsfortschrittszahl minus Lagerausgangsfortschrittszahl ist gleich Lagerbestand.

Welcher geplante Lagerzugang ist zu erwarten?

Je nachdem, ob das Prozeßelement eigengefertigt, fremdgefertigt oder eingekauft wird, kann ich auf einen der Regelkreise Produktion, Fremdfertigung oder Einkauf zugreifen. Über den Anforderungstermin ist es möglich, den – bezogen auf das Datum – letzten Plantermin zu selektieren. Die Differenz zwischen Soll-Fortschrittszahl und Ist-Fortschrittszahl ist dann der geplante Lagerzugang.

Wie sicher erfolgt dieser Lagerzugang?

Irgendwie ist mir hier keine hundertprozentige Information eingefallen, aber durch die Anzeige des letzten geplanten Zugangsdatums wäre schon eine gewisse Auskunft möglich. Liegt nämlich das letzte geplante Zugangsdatum vor dem Zeitpunkt der Anzeige, so ist klar: Hier liegt ein Rückstand vor. Genauso kritisch kann es mit einer Terminversprechung werden, wenn Prozeßelemente, die zur Erstellung eines Produktes benötigt werden, erst am Anforderungstermin als Lagerzugang geplant sind.

Sind die benötigten Mengen frei verfügbar?

Um diese Information zu ermitteln, ist es notwendig, den Bruttobedarf pro Prozeßelement zu ermitteln. Denn, Bruttobedarf minus Lagerbestand minus geplanter Lagerzugang ist der Nettobedarf. Ist dabei der Lagerbestand plus der geplante Lagerzugang größer als der Bruttobedarf, so ergibt sich die frei verfügbare Menge. Den Bruttobedarf kann ich aus dem zentralen Regelkreis Materialwirtschaft lesen, indem ich die Bedarfsfortschrittszahl zum Anforderungstag von der Lagerausgangsfortschrittszahl abziehe. Für die Ermittlung des Lagerbestands und des geplanten Lagerzugangs habe ich die Lösungen schon zu den vorigen Fragen geheftet. Ich lasse mir die Informationsvielfalt, die sich auf dem Weg hin zum Ergebnis ergeben hat, auf der Zunge zergehen: Zu jedem Prozeßelement steht jederzeit der aktuelle Bruttobedarf, der Nettobedarf 1 (Bruttobedarf minus Lagerbestand) und der Nettobedarf 2 (Bruttobedarf minus Lagerbestand und minus geplanter Lagerzugang) zur Verfügung.

Welche Kapazitäten werden für die Erstellung des Produktes gebraucht?

Die Kapazitätsbelastung ist für Brutto- und Nettozusatzbedarf sinnvoll. Dazu wird der jeweilige Bedarf mit der maximalen Ausbringung pro Stunde und dem Faktor Mehrfachbelegung multipliziert.

Sind die notwendigen Kapazitäten verfügbar?

Um diese Frage zu beantworten, muß innerhalb der Kapazitätseinheit ausgewertet werden: Welche freien Kapazitäten sind bis zum Stichtag verfügbar? Über die Differenz zwischen Belastungsplanfortschrittszahl und aktueller Belastungsfortschrittszahl kann ich ermitteln, welche Kapazität pro Prozeßelement bis zum Anforderungstag benötigt wird. Addiere ich diesen Kapazitätsbedarf für alle Prozeßelemente, die durch die entsprechende Kapazitätseinheit fließen, so erhalte ich die Gesamtkapazitätsbelastung. Das Kapazitätsangebot läßt sich über Schichtmodell und Fabriktage errechnen. Die Differenz aus Kapazitätsangebot und Gesamtkapazitätsbelastung ergibt dann die frei verfügbare Kapazität. Somit ist jederzeit der Vergleich zwischen zusätzlich benötigter Kapazität und frei verfügbarer Kapazität möglich.

Auf welcher Fertigungsstufe muß mit der Produktion begonnen werden?

Diese Aussage läßt sich aus den zuvor gewonnenen Informationen ableiten: Zumindest auf der Fertigungsstufe, bei der ein Nettozusatzbedarf nicht durch die frei verfügbare Menge gedeckt ist.

Das ist also mein 'Konzept Fortschrittszahlen', doch je näher der Vorstellungstermin vor versammelter Mannschaft rückt, desto unsicherer werde ich. Das ist alles viel zu theoretisch. Ich habe es doch mit Anwendern zu tun. Die interessiert nicht, wie ich die Informationen gewinne, sondern wie sie aussehen. Selbst Herr Schmidt ist bei unserer letzten Zusammenkunft beinahe eingeschlafen, als ich ihm voller Enthusiasmus meine Lösung vorgestellt habe. Zweimal ist er mir ins Wort gefallen und hat gesagt: „Herr Grüner, bei der Abschlußbesprechung müssen sie unbedingt auf den Nutzen von Fortschrittszahlen abheben. Der Weg ist für die Anwender uninteressant. Die wollen nur wissen, was sie davon haben."

Plötzlich kommt mir die Idee – ich brauche Bildschirmmasken und einen Ablauf. Was bedeutet Frühwarnsystem mit Fortschrittszahlen? Was bedeutet Planung mit Fortschrittszahlen? Das sind doch die Fragen, nach deren Antwort die Anwender suchen. Ich habe noch genau eine Woche Zeit, um das System zu skizzieren – also los.

12 Der Nutzen

*Nichts kann den Menschen mehr stärken als das
Vertrauen, das man ihm entgegenbringt.*

Adolf von Harnack

Es ist soweit. Freitag – Tag der Entscheidung. Die Vorbereitung meines Vortrags habe ich gestern abgeschlossen, das war noch ein riesiges Stück Arbeit. Es verblieb nicht mal mehr die Zeit, den Ablauf und die Masken mit jemandem abzustimmen. Außerdem wäre sowieso nur Müller in Frage gekommen, denn mit Vreni rede ich nicht mehr! Anfang der Woche ist sie mir auf dem Parkplatz – es ließ sich einfach nicht vermeiden – über den Weg gelaufen. Aber, um jeglichem Gesprächsansatz vorzubeugen, habe ich ein trockenes 'Hallo' herausgepreßt und bin einfach weitergestapft.

Und jetzt stehe ich hier vor versammelter Mannschaft, und mir zittern die Knie. Herr Schmidt hat das ja prima eingefädelt. Er hat extra einen Tagungsraum im besten Hotel am Ort gemietet, damit sich alle fern vom Tagesgeschäft auf das Konzept konzentrieren können. Und alle sind gekommen: Die Verantwortlichen aus der Firma, die schon bei der 'Einstiegssitzung' zugegen waren, und – das setzt der ganzen Sache natürlich die Krone auf – mein Vater. Als hätte ich nicht genug zu tun, die Leute von meinem Konzept zu überzeugen. Nein, jetzt sitzt da mein Vater! Bei ihm zu bestehen wird äußerst schwierig.

Also packe ich meine Folien aus und postiere mich vor dem Overhead-Projektor. Als erstes lege ich die Agenda auf, damit alle den Terminplan verinnerlichen können.

Vorstellung Konzept Fortschrittszahlen

Gesamtdauer: 09:00 Uhr - 17:00 Uhr

Agenda

1. 09:00 - 10:30 Uhr — Vorstellung des Systemablaufs
   - Aufgaben der Disposition
   - Dezentrale Planung in den Produktions-
     bereichen

2. 10:30 - 10:45 Uhr — Kaffeepause

3. 10:45 - 12:15 Uhr — Grundlagen der Fortschrittszahlensteuerung

4. 12:15 - 13:30 Uhr — Mittagessen

5. 13:30 - 15:00 Uhr — Nutzen von Fortschrittszahlen
   - Leistungsmerkmale
   - Beispielhafter Maskenaufbau

6. 15:00 - 15:15 Uhr — Kaffeepause

7. 15:15 - 17:00 Uhr — Abschlußdiskussion

Terminplan Vorstellung Konzept Fortschrittszahlen

Ich erläutere die Punkte der Tagesordnung. Aus dem Augenwinkel erkenne ich, wie Roger bei der Bekanntgabe der ersten Kaffeepause sofort seine Uhr stellt. Vermutlich hat er einen Summer am Arm, der ihn pünktlich auf die Pause hinweist. Zum Terminplan gibt es keine Rückfragen; sicherlich sind die Leute gespannt auf meinen Lösungsansatz.

Deshalb steige ich unverzüglich ins Thema ein und argumentiere: „Hier handelt es sich um einen völlig neuen Planungs- und Steuerungsansatz, den man in Verbindung mit dem SST-System sehen muß. Ich bin von den zusammengestellten Anforderungen ausgegangen und habe folgendes festgestellt: der Primärbedarf für die Steuerung einer bedarfsorientierten Serienfertigung muß aus dem SST-System entnommen und mit der Fortschrittszahlenphilosophie über alle Produktionsstufen gesteuert werden. Damit die vollständige Integration mit SST gewährleistet ist, werden zum einen die Einkaufsbedarfe und zum anderen die Lagerbewegungen wieder an das SST-System durchgereicht." Absolutes Schweigen, keine Reaktion – offenbar ist mein Vortrag jetzt schon langweilig, zumindest scheint sich kein Mensch für die Schnittstellen zu interessieren. Schnell präsentiere ich deshalb die Funktionsfolie; vielleicht locke ich damit die Zuhörer hinter dem Ofen vor.

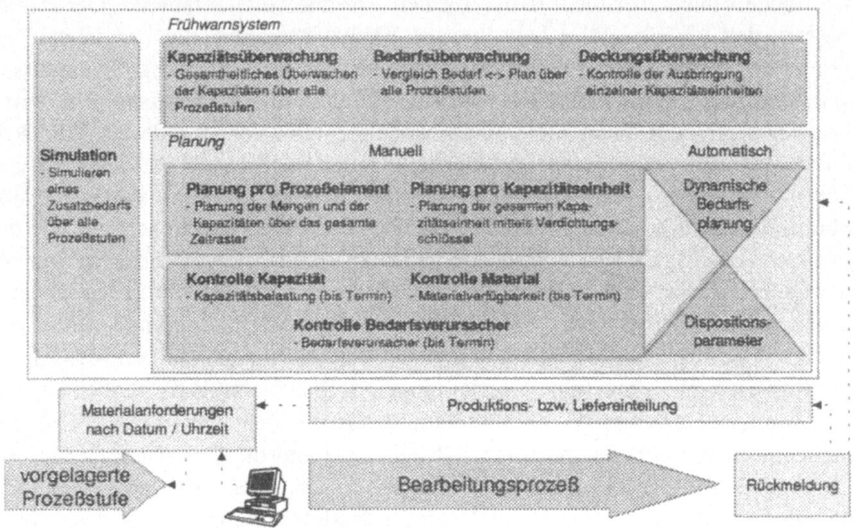

Gesamtablauf Fortschrittszahlensystematik

„Das System, das sie hier sehen, gliedert sich in zwei Funktionsbereiche", beginne ich mit der Erklärung. „Diese beiden Bereiche sind das Frühwarnsystem und die Planung. Mittels des Frühwarnsystems kann der gesamte logistische Fluß zwischen den einzelnen, am Produktionsprozeß beteiligten Partnern kontrolliert werden. Und über das Modul Planung wird die konkrete Einsteuerung bei den einzelnen Partnern vorgenommen." Ich bemerke, daß Müller beim Anblick der Folie glänzende Augen bekommt – er findet sich in der Unterlage wieder.

Die Nervosität legt sich und die Stimme wird fester: „Bevor ich jedoch die detaillierten Funktionen bespreche, muß ich zum Verständnis zwei Begriffe definieren." Ich krame die Folien zur Prozeßabbildung heraus. „ Zuerst ist es notwendig, daß wir den Produktionsprozeß in Zukunft einheitlich abbilden. Ansonsten können wir nie einen gesamtheitlichen Überblick über die Wertschöpfungskette erhalten." Bei Grieshaber löst der Anblick der Prozeßabbildung ein lautes Stöhnen aus. Möglicherweise hat er sofort die Arbeit erkannt, die auf das Segment bei der Änderung von Stammdaten zukommt. Nach kurzer Diskussion habe ich die Anwesenden für meine Idee gewonnen, nur – der notwendige Detaillierungsgrad von Prozeßelementen bleibt noch offen.

Das hindert mich aber nicht daran, meinen Vortrag weiterzuführen. „Der zweite Begriff, den ich eingeführt habe, ist die Kapazitätseinheit. Sie bezeichnet den Produktionsbereich bzw. den Partner, der für die Erstellung des Erzeugnisses verantwortlich ist. Es kann sich zum Beispiel um ein Fertigungssegment, einen Fremdfertiger oder einen Lieferanten handeln. Somit können alle am Produktionsprozeß beteiligten Verantwortungsbereiche einheitlich geplant, gesteuert und kontrolliert werden." „Das ist mir nicht klar", meldet sich Kunz zu Wort, „Wir können doch die eigenen Arbeiten nicht über denselben Kamm scheren wie die externen Arbeitsgänge bzw. Einkäufe." „Doch!" erwidert Müller und ist voll bei der Sache, „Unser Ziel ist doch, den Unternehmer im Unternehmen zu fördern. Somit können wir sagen: jeder Verantwortungsbereich bekommt einen bestimmten Geldbetrag pro erstelltem Produkt und kauft quasi bei den vorgelagerten Kapazitätseinheiten sein Material ein. Er soll sich also ganz ähnlich verhalten, wie ein Fremdfertiger oder Lieferant; nur mit dem Unterschied, daß wir mehr Information über seine Kapazitätsbelastung und die Durchlaufzeit haben." „Ja, interessant", grübelt Kunz und fragt leise nach, „Das heißt aber auch, daß wir für Fremdfertiger Kapazitätsbelastungen festlegen könnten?" „Stimmt, theoretisch schon – von der Seite habe ich das noch nicht betrachtet. Aber was soll denn das bringen?" greife ich die Frage auf. „Ich denke da gerade an unseren Fremdfertiger Geiser", sagt Kunz. „Heute stellt er uns quasi unendliche Kapazitäten zur Verfügung, aber ob das in alle Ewigkeit so bleibt, ist fraglich. Ich glaube nämlich, daß wir ihn dauerhaft nicht über KANBAN steuern können, falls er irgendwann einmal Kapazitätsengpäße hat. Vielleicht müssen wir sogar auf einen zweiten Fremdfertiger zugreifen. In dem Fall wäre es doch ideal, wenn wir das Kapazitätsangebot und die Kapazitätsbelastung von beiden wüßten, dann könnten wir unsere Bedarfe optimal aufteilen." Das ist eine gute Idee, aber in mir spricht ein leises Stimmchen, daß sich bei dieser Betrachtungsweise die erste Lücke in meinem Konzept auftut. Während der Umsetzung der Anforderungen bin ich davon ausgegangen, daß ein Prozeßelement genau in einem Verantwortungsbereich produziert wird. In meinem Entwurf ist es maximal möglich, daß ein Prozeßelement gleichzeitig eigengefertigt, fremdgefertigt oder eingekauft wird. Aber an unterschiedlichen Stellen fremdgefertigt, das funktioniert nicht. Ich verschiebe die Lösung des Problems auf die erste Kaffeepause und sage zu Kunz: „Das ist ein hervorragender Anwendungsfall, daran habe ich bisher noch gar nicht gedacht. Aber grundsätzlich ist dies mit dem Konzept möglich." So, jetzt bin ich unter Zugzwang, aber in der Pause wird mir schon etwas Brauchbares einfallen.

Ich wende mich wieder dem 'Gesamtablauf Fortschrittszahlensystematik' zu und erläutere das Bild weiter: „In einer bedarfsorientierten Serienfertigung steht immer die Frage im Mittelpunkt: Welches sind die kritischen Faktoren, die den zielorientierten Gesamtprozeß gefährden? Und genau diese Faktoren können mittels des Frühwarnsystems überwacht werden. Durch die simultane Planung von Material und Kapazitäten über Fortschrittszahlen steht jederzeit der aktuelle Bedarfs- und Bearbeitungsstand pro Prozeßelement zur Verfügung. Durch die Unterteilung des Frühwarnsystems in die Funktionen Kapazität, Bedarf und Deckung können alle prozeßgefährdenden Faktoren überwacht werden. Die Simulation bietet die Möglichkeit, kurzfristige Änderungen vor der Einplanung auf Durchführbarkeit zu prüfen." „Das müssen sie aber schon erklären, warum sie eine Unterteilung in Kapazitätsüberwachung, Bedarfsüberwachung und Deckungsüberwachung gewählt haben", sagt Herr Schmidt. „Nun, ich habe mir am Anfang überlegt: Warum kann ein Gesamtprozeß scheitern? Und da habe ich folgende Antworten gefunden: Erstens, die Leistungsgrenzen der einzelnen Kapazitätseinheiten sind überschritten. Zweitens, der Bedarf weicht vom bestehenden Plan ab. Das kann auch bei einer automatischen Planung passieren, wenn durch die Dispositionsparameter Leistungsgrenzen festgelegt werden. Zum Beispiel die Wiederbeschaffungszeit: Eventuell kann der Bedarf nicht rechtzeitig befriedigt werden. Und drittens, die Kapazitätseinheiten bringen nicht die geplanten Mengen aus." „Das scheint mir im ersten Moment zu genügen, jetzt verstehe ich die Aufteilung." Herr Schmidt ist mit meiner Erklärung zufrieden. Eines muß ich aber doch noch los werden: „Wichtig war für mich, daß ich diese Informationen über alle Prozeßelemente gewinnen und sie pro Funktion in einer Maske darstellen kann. Über die Fortschrittszahlen habe ich eine optimale Lösung gefunden, denn man kann jederzeit ermitteln, ob ein Plan den Bedarf bis zu einem bestimmten Zeitpunkt abdeckt oder nicht. Man erhält darüber hinaus die Information, wie lange eine Differenz andauert bzw. wieviel Prozent die Abweichung beträgt." Jetzt meldet sich Vreni, die links neben Vater sitzt, zu Wort: „Das ist ja toll, damit wäre meine Anforderung an die Planung erfüllt. Aber wie das aussieht, mußt du uns schon noch zeigen." Mit einem Verweis auf die Tagesordnung, sage ich: „Langsam, das kommt nach der Mittagspause!"

„So, jetzt kommen wir zu der Planung", setze ich wieder an. „Hier habe ich zwischen einer manuellen oder ergänzenden Planung und einer automatischen Planung unterschieden. Entscheidend bei der Planung ist es, daß die Leistungsgrenzen der Kapazitätseinheiten bestimmt werden. Diese werden dann in den Dispositionsparametern gebunden, um vor allem eine brauchbare automatische Planung zu ermöglichen. Denn in meinen Gesprächen mit einzelnen Verantwortlichen hat sich herausgestellt, daß wir von der zentralen Einplanung wegkommen möchten. Und dazu brauchen wir die automatische Planung. Das heißt, der Bedarf wird über die Dispositionsparameter automatisch in den Plan umgesetzt und kann dann mittels des Frühwarnsystems überwacht werden. Wird es notwendig, einzelne Prozeßelemente oder ganze Kapazitätseinheiten manuell zu planen, so stehen folgende Funktionen zur Verfügung." „Warum müssen wir überhaupt noch manuell planen?" fällt mir Roger ins Wort. „Ganz einfach, wenn entweder die Leistungsgrenzen überschritten oder irgendwelche nachträglichen Veränderungen durchgeführt werden. Bei den nachträglichen Veränderungen denke ich zum Beispiel an eine Begebenheit in eurem Segment..." Müller hat die Begebenheit auch noch im Kopf und untermauert meinen Gedankengang: „Roger, du kannst dich doch auch an die Forderungen von Fred erinnern. Er möchte, wenn Bedarfsmengen an zwei hintereinander liegenden Tagen zum selben Produkt bestehen, diese zusammenfassen. Damit kann er die Durchlaufzeit und die Rüstkosten in seiner Kapazitätseinheit optimieren." „Stimmt", meint Roger. Dennoch kommt er ins zweifeln: „Aber dann stimmen die Unterteilbedarfe nicht mehr. Die werden doch für die Menge des zweiten Tages zu spät bereitgestellt." „Eben nicht!" weiß Müller Bescheid. „Für solche Kapazitätseinheiten lassen wir einfach einen Dispositionsspielraum zu. Das ist quasi eine automatische Vorlaufverschiebung, die bei Fred einen Tag beträgt." „Interessant, das könnte funktionieren", schließt Roger ab.

Jetzt muß ich aber fertig werden mit dem Gesamtablauf, sonst kommt die Kaffeepause und die Folie ist nicht besprochen. „Soll also die Planung auf einer bestimmten Prozeßstufe manuell erfolgen, dann stehen verschiedene Planungsmöglichkeiten zur Verfügung. Es kann auf der einen Seite ein Prozeßelement isoliert oder auf der anderen Seite eine komplette Kapazitätseinheit gesamt beplant werden. Wird ein einzelnes Prozeßelement manuell geplant, so kann der Anwender Mengen und Kapazitäten simultan betrachten. Bei der Planung einer gesamten Kapazitätseinheit ist dies ebenfalls möglich, jedoch gibt der Benutzer in diesem Fall mittels eines variablen Verdichtungsschlüssels ein Periodenraster vor, über das er plant. Ich gehe nämlich davon aus, daß die Planung über eine gesamte Kapazitätseinheit vorwiegend für kurzfristige Änderungen verwendet wird, im Beispiel von 'Fred': zur Ausnutzung des Dispositionsspielraums. Wird die manuelle Planung als Ergänzung zur automatischen Bedarfsplanung verwendet, so werden manuelle Veränderungen am Plan immer gegen die Dispositionsparameter geprüft, und bei Überschreitung der Leistungsgrenzen eine Hinweismeldung ausgegeben."

Ich nehme einen Schluck aus dem Glas, das vor mir steht und führe den Vortrag unverzüglich weiter, da nur noch fünf Minuten bis zur Kaffeepause verbleiben: „Werden Leistungs- oder Dispositionsgrenzen überschritten, dann kann die Planung durch drei Kontrollfunktionen geprüft werden, ohne eine Auflösung durchzuführen. Die drei Kontrollfunktionen sind: Kapazitätsauslastung, Materialverfügbarkeit und Anzeige Bedarfsverursacher. Die Kapazitätsauslastung und die Materialverfügbarkeit unterstützt den Anwender bei der Realisierung der Bedarfsanforderungen. Ist jedoch eine Bedarfsanforderung absolut nicht abzuwickeln, so hat er über die Anzeige Bedarfsverursacher die Möglichkeit, Prioritäten zu setzen und kann eventuell den Bedarf vernachlässigen, bei dem der geringste Leidensdruck besteht."

Wie erwartet, ertönt der Summer an Rogers Handgelenk. „Ich glaube, jetzt ist Kaffeepause. Ich habe einen Bärenhunger, hoffentlich gibt es außer Kaffee auch etwas zum Naschen." Typisch Roger, er steht unvermittelt auf und geht zur Tür. „Dann machen wir jetzt Pause. Sind sie fertig, Herr Grüner?" sagt Herr Schmidt. „Ja, doch", antworte ich automatisch, mit den Gedanken bin ich noch völlig beim Gesamtablauf. Oje, ich habe ja noch die Steuerung vergessen. Aber die Forderung schiebe ich jetzt beiseite – ich muß unbedingt das Problem mit der Fremdfertigung analysieren. Die beste Lösung ist: Ich verschwinde auf die Toilette und nehme die Folie mit den Fortschrittszahlenregelkreisen mit.

Schon auf dem Weg dorthin erkenne ich die eigentliche Schwäche im Konzept – wie konnte ich nur so verbohrt sein. Ausgehend vom zentralen Regelkreis Materialwirtschaft muß ich unbedingt die starre Festlegung von drei untergeordneten Regelkreisen aufheben, dann habe ich bestimmt das gewünschte Ergebnis. Gott sei Dank habe ich noch ein leeres Blatt und einen Stift mitgenommen, so kann ich den Gedankengang sofort notieren.

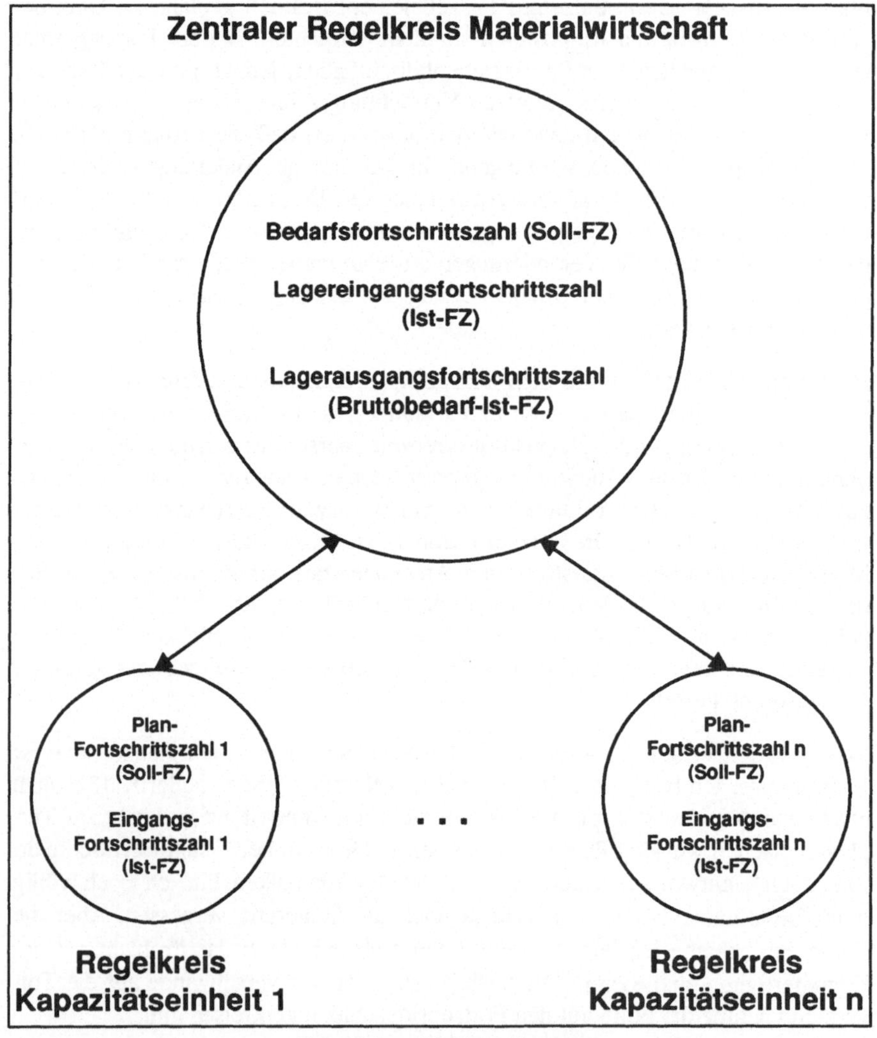

Fortschrittszahlen Regelkreise

Es ist bestätigt, die Anforderung sprengt mein Konzept nicht. Pro Verbindung Kapazitätseinheit - Prozeßelement wird ein Fortschrittszahlenregelkreis gebildet, dann ist es unerheblich, in wievielen dezentralen Produktionseinheiten ein Produkt gleichzeitig erstellt wird.

Zwar ist die Pause schon beinahe vorüber, aber ich konnte mich trotzdem erholen – Erfolg entspannt! Mein Konzept hat bisher den Attacken der Zuhörer standgehalten. Als ich zurückkomme, sehe ich wie Vreni mit Vater spricht – hat die denn keinen anderen, mit dem sie reden kann? Ich gehe auf die beiden zu und nehme Vater etwas bei Seite. „Wie hat es dir bisher gefallen?" frage ich ihn. „Ein prima Ansatz, den du da gewählt hast. Das mit der Prozeßabbildung imponiert mir. Ich bin heute Mittag auf die Mustermasken gespannt. Da erkenne ich gleich, ob du die Fortschrittszahlenphilosophie durchdrungen hast", antwortet Vater und schaut auf die Uhr. „Es ist schon wieder an der Zeit, weiterzumachen. Komm, laß' uns gehen." „Apropos", flüstert er mir noch ins Ohr, „die Vreni ist ganz schön pfiffig!" Hat der eine Ahnung, denke ich bei mir.

So jetzt kommen wir zum schwierigen Teil, den Grundlagen der Fortschrittszahlensteuerung. Der Berg mit den Entwurfsskizzen liegt vor mir auf dem Tisch. Mir ist klar, daß ich heute auf keinen Fall alles auflegen kann, sonst wissen die Leute am Ende gar nicht mehr um was es geht. Und ich habe einen lahmen Arm vom dauernden 'Folie drauf, Folie runter'. Also entscheide ich mich für das Rückmeldebeispiel und die Vergleichsmöglichkeiten von zwei bedingenden Fortschrittszahlenkurven, das muß genügen.

Doch bevor ich den zweiten Teil des Vortrags starten kann meldet sich Grieshaber vorsichtig zu Wort: „Ich bin bisher ganz beeindruckt von ihrer Ausarbeitung. Frau Koch hat mir auch schon einiges erzählt, und so habe ich das Meiste verstanden. Aber auf ihrer Folie 'Gesamtablauf Fortschrittszahlensystematik' stand noch etwas mit Materialanforderungen. Irgendwie habe ich das nicht mitbekommen." Ertappt, ohne es zu wissen hat er die fehlende Erklärung aufgedeckt. So kann ich jetzt – vielleicht unbemerkt – die Folie fertig besprechen. Ich lege sie sofort auf und sage: „Mittels der Fortschrittszahlensystematik werden dann pro Kapazitätseinheit Produktions- bzw. Liefereinteilungen generiert. Das ist im Prinzip der, unter Umständen überarbeitete, Plan. Erfolgt die Planung über Dispositionsparameter, oder sind Sicherheiten in den Plan eingebaut, dann handelt es sich bei den Fertigstellungsterminen der einzelnen Kapazitätseinheiten nicht um die endgültigen Abliefertermine. Um jedoch eine bedarfsgenaue Ablieferung zu gewährleisten, habe ich mir ein Briefkastensystem überlegt, das so ähnlich wie KANBAN funktioniert. Entweder können wir das System aus den Produktions- bzw. Liefereinteilungen füttern, oder der Benutzer gibt an, wann er welches

Produkt fertigen möchte. Über eine einstufige Stücklistenauflösung erfahren dann die Verantwortlichen der vorgelagerten Prozeßstufe, daß sie unmittelbar eine bestimmte Menge zu liefern haben." „Das heißt, wir haben dann ein zweistufiges System. Ist das notwendig?" fragt Grieshaber. „Klar!" Müller schüttelt den Kopf. „Das müßte ihnen doch klar sein, das geht doch gar nicht anders." Die Zankteufel sind wieder am Werk. Doch bevor der Streit wirklich losgeht, ergreift Vater das Wort: „Das einzige einstufige Steuerungsverfahren, das ich kenne ist KANBAN. Aber mit diesem Verfahren kann man die Zukunft nicht planen. Bei Fortschrittszahlen, zumindest sobald Dispositionsparameter ins Spiel kommen, braucht man auch die zweite Ebene. Und aus meiner Erfahrung kann ich sagen, gewisse Sicherheiten – wenn auch so wenig wie möglich – müssen bei einer Planung schon eingebaut werden." Jetzt trauen sich die Streithähne nicht mehr und es herrscht Ruhe.

„Kann ich jetzt den Gesamtablauf abschließen?" frage ich. Allgemeines Kopfnicken. Dann lege ich mit den 'Grundlagen der Fortschrittszahlensteuerung' los. Nach zehn Minuten merke ich, daß die Anwesenden regelrecht gefesselt sind von meiner Theorie – zumindest sind sie mucksmäuschenstill. Der Erfindergeist sprudelt jetzt nur so aus mir heraus. Ich registriere gar nicht, wie die Zeit vergeht, aber Rogers Wecker läutet unbarmherzig zum Mittagessen. In dieser Runde waren nur Verständnisfragen, keine kritischen Anmerkungen, und aus den Gesichtern ist zu lesen: Gib den Fortschrittszahlen eine Chance. Also begeben wir uns zum Mittagessen.

Frisch gestärkt, aber etwas träge geht es zum dritten Teil des Vortrags. Herr Schmidt hat sich wirklich nicht lumpen lassen, Fünf-Gang-Menü vom Allerfeinsten. Hoffentlich schlafen mir die Leute nicht ein, denn jetzt kommt eigentlich der interessanteste Teil: Zuerst die Leistungsmerkmale der Fortschrittszahlen und dann zwei Masken, die es in sich haben. Diese Masken habe ich als Muster ausgewählt, um die Möglichkeiten von Fortschrittszahlen beispielhaft aufzuzeigen. Die restlichen Bildschirmentwürfe halte ich unter Verschluß, denn die bringen jetzt nichts. Eventuell Interessierte können diese später bei mir im Büro anschauen, außerdem sehen sie die Masken sowieso früh genug – spätestens, wenn das Fortschrittszahlensystem entwickelt ist.

Schließlich steige ich in das Referat ein und lege die Folie mit den Leistungsmerkmalen auf.

Leistungsmerkmale von Fortschrittszahlen

- Die Fortschrittszahl verbindet diskrete Mengenangaben mit der Zeitachse, somit kann jederzeit der Verlauf von Bedarf und Deckung dargestellt werden.

- Durch die Einbeziehung von Erfahrungswerten (Kapazitäts- schranken) kann mittels Fortschrittszahlen neben der Verantwortung auch die Leistungsgrenze der einzelnen Kapazitätseinheiten dynamisch visualisiert werden.

- Durch den Soll-Ist-Vergleich zweier bedingender Fortschrittszahlenreihen können, unter Berücksichtigung der Komponente Zeit, absolute und relative Differenzinformationen gewonnen werden:
  Absolute Kenngrößen
  - Über-/Unterdeckung in Mengeneinheiten (z.B. Stück)
  - Über-/Unterdeckung in Zeiteinheiten (z.B. Tage)
  Relative Kenngröße
  - Über-/Unterdeckung in Prozent (über die Zeitachse gewichtet)

- Hohe Transparenz der Bedarfssituation, da jederzeit der Brutto- bzw. Nettobedarf verfügbar ist.

- Außerordentliche Aktualität des Bearbeitungsstandes im Unternehmen, da in einer Fortschrittszahlendisposition nicht jeweils eine Nettorechnung notwendig ist, um die ausstehenden, d.h. noch zu liefernden Mengen zu ermitteln.

- Schneller Informationsfluß über alle Produktionsstufen ist gewährleistet, da die einzelnen Fortschrittszahlen-Regelkreise immer auf dem aktuellen Stnad der Information sind.

Ich erläutere kurz die einzelnen Punkte der Folie und ergänze ganz zum Schluß: „Diese Nutzenaspekte sind für uns nur deshalb relevant, da in unserem Unternehmen die Lager- und Steuerungsstrategie 'First in First out' vorherrscht. Denn auf dieser Annahme basiert der Fortschrittszahlenansatz." Müller scheint mit den Leistungsmerkmalen noch nicht ganz zufrieden zu sein: „Mir schwebt da noch eine Anwendungsmöglichkeit vor: Die Bewertung über Fortschrittszahlen. Wenn man in regelmäßigen Abständen den aktuellen Planungsstand einer Kapazitätseinheit mit dem aktuellen Rückmeldestand vergleicht und dann abspeichert, dann könnte man doch die Kapazitätseinheiten über den gesamten Zeithorizont nach ihrer Liefertreue bewerten. Wir wüßten zum Beispiel, wann ein Verantwortungsbereich in Rückstand geraten ist – und wie lange er gebraucht hat, diesen wieder auszugleichen." „Herr Müller, das ist eine prima Idee", freut sich Herr Schmidt. „Für unsere erfolgsorientierte Entlohnung habe ich schon immer nach solch einer Möglichkeit gesucht. Und sie sind sicher, daß das funktioniert?" „Klar doch, das ist für Herrn Grüner bestimmt kein Problem!" antwortet Müller. Was soll ich da noch sagen? Am Ende meinen die noch, ich bin der kleine Fortschrittszahlenpabst. Ganz geschmeichelt sage ich in die Runde: „Ich glaube schon, daß das machbar ist. Aber ein zusätzliches Leistungsmerkmal ist das nicht, da es sich hier ebenfalls um einen Soll-Ist-Vergleich von zwei bedingenden Fortschrittszahlenkurven handelt."

Jetzt die erste Maske, damit kann ich die Zuhörer bestimmt restlos überzeugen. Also setze ich mit der Einleitung an: „Damit sie ein wesentliches Leistungsmerkmal der Fortschrittszahlen etwas plastischer betrachten können, habe ich eine Maske vorbereitet, mit der man über alle Kapazitätseinheiten und Prozeßelemente hinweg den Soll-Ist-Vergleich von Bedarfsfortschrittszahl und Planfortschrittszahl auswerten kann." Ich tausche die Folie 'Leistungsmerkmale von Fortschrittszahlen' mit der Folie 'Vergleich Bedarf <-> Plan gesamtheitlich' aus.

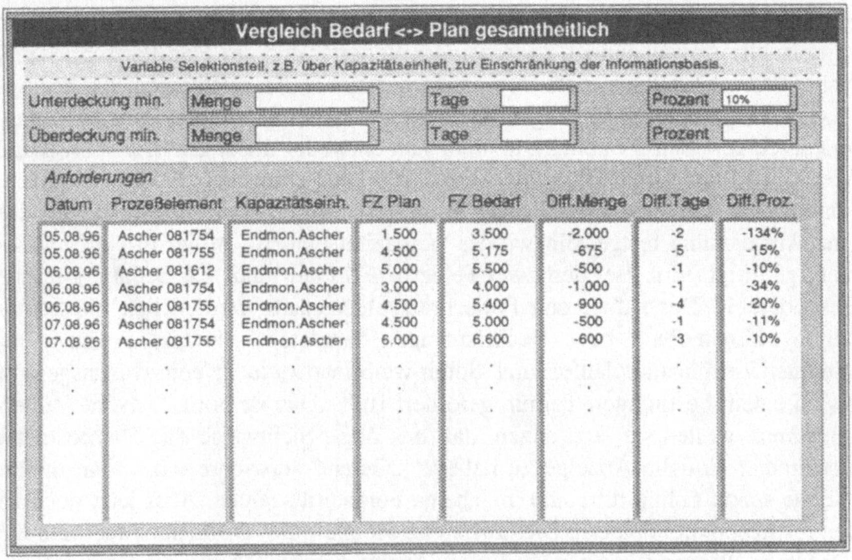

Vergleich Bedarf <-> Plan gesamtheitlich

Datum	Prozeßelement	Kapazitätseinh.	FZ Plan	FZ Bedarf	Diff.Menge	Diff.Tage	Diff.Proz.
05.08.96	Ascher 081754	Endmon.Ascher	1.500	3.500	-2.000	-2	-134%
05.08.96	Ascher 081755	Endmon.Ascher	4.500	5.175	-675	-5	-15%
06.08.96	Ascher 081612	Endmon.Ascher	5.000	5.500	-500	-1	-10%
06.08.96	Ascher 081754	Endmon.Ascher	3.000	4.000	-1.000	-1	-34%
06.08.96	Ascher 081755	Endmon.Ascher	4.500	5.400	-900	-4	-20%
07.08.96	Ascher 081754	Endmon.Ascher	4.500	5.000	-500	-1	-11%
07.08.96	Ascher 081755	Endmon.Ascher	6.000	6.600	-600	-3	-10%

Maske Vergleich Bedarf <-> Plan gesamtheitlich

„Dieser Bildschirm gehört zu dem Funktionsbereich 'Frühwarnsystem'. Über einen variablen Selektionsteil, den wir noch im Detail bestimmen müssen, kann die Informationsbasis eingeschränkt werden. Zum Beispiel könnte die Planungssituation für eine bestimmte Kapazitätseinheit betrachtet werden. Entsprechend der Leistungsmerkmale von Fortschrittszahlen, kann die selektierte Informationsbasis mittels der Kenngrößen Unter- und Überdeckung ausgewertet werden. Das Resultat der Auswahl ist dann in der Tabelle sichtbar. Werden also die Parameter Unter- und Überdeckung richtig gewählt, dann erscheinen nur die Prozeßelemente in der Tabelle, bei denen mit Schwierigkeiten zu rechnen ist. Ich möchte das an einem Beispiel herleiten..." „Das brauchst du gar nicht", unterbricht mich Vreni. „Das ist ja super! Für eine Kundenlinie in unserem Segment habe ich einen Sicherheitsvorlauf von zwei Tagen. Habe ich diese als Kapazitätseinheit angelegt, so kann ich ja zuerst alle Teile – oder wie sagst du: 'Prozeßelemente' –, die in einer Kapazitätseinheit laufen, auswählen; dann gebe ich in der Zeile Unterdeckung und dem Feld Tage den Wert 'zwei Tage' vor, und schon sehe ich alle Teile, deren Unterdeckung länger als zwei Tage andauert." Roger wirkt etwas ungeduldig und sagt: „Vreni halt dich noch ein bißchen zurück, laß Klaus erst mal erklären, welche Informationen sich in der Tabelle verbergen!"

Somit komme ich wieder zu Wort: „Ja, in der Tabelle sieht man, nach Datum sortiert, alle Abweichungen zwischen der Bedarfs- und der Plan-Fortschrittszahl eines jeden Prozeßelementes. Ich meine damit alle Abweichungen, die der Selektion entsprechen. Das Programm vergleicht dabei die beiden Fortschrittszahlenkurven zu jedem Zeitpunkt, an dem sich entweder die Bedarfsfortschrittszahl oder die Plan-Fortschrittszahl verändert. Die einzelnen Felder bedeuten: 'Datum', an dem eine Abweichung festgestellt wurde. 'Prozeßelement', für das eine Abweichung festgestellt wurde. 'Kapazitätseinheit', in der das Prozeßelement gefertigt wird. Bei den zwei Feldern 'FZ Plan' und 'FZ Bedarf' gilt eine Besonderheit! Denn über den Fortschrittszahlenansatz werden hier die kumulierten offenen Plan- bzw. Bedarfsmengen dargestellt, die bis zu einem bestimmten Termin aufgelaufen sind. Somit weiß man zu jeder Zeit, was insgesamt bis zu einem bestimmten Termin gefordert ist." „Das ist prima", meint Müller. „Bestimmt wollen sie jetzt sagen, daß uns diese Sichtweise die Chance bietet eine immer aktuelle Anzeige zu haben." „Genau", erwidere ich. „Man merkt, daß sie schon richtig drin sind im Thema Fortschrittszahlen. Aber jetzt noch zu den restlichen drei Feldern: Die 'Differenz Menge', die 'Differenz Tage' und die 'Differenz Prozent' entsprechen den Auswertungsmöglichkeiten, die ich im zweiten Teil 'Grundlagen der Fortschrittszahlensteuerung' erklärt habe."

„Eine Frage habe ich schon", signalisiert Vater, der sich bisher ziemlich zurückgehalten hat. „Wie errechnest du die Werte 'FZ Plan' und 'FZ Bedarf'?" Ich habe das Gefühl, jetzt stellt er mein Konzept auf die Probe. Vorsichtig antworte ich: „Nun, ich nehme jeweils die festgeschriebene Fortschrittszahl und reduziere sie um den aktuellen Aufsetzpunkt" Er blinzelt mir zu, um zu bestätigen, daß ich richtig liege. Nachdem mich die anderen jedoch ungläubig anstarren, erkläre ich mein Vorgehen: „Fortschrittszahlen werden ja zu bestimmten Zeitpunkten auf Null gestellt, meistens einmal zum Jahresanfang. Über die Zeit steigen die Fortschrittszahlen laufend an. Würde man nun in dem Feld 'FZ Plan' oder 'FZ Bedarf' diese Fortschrittszahl anzeigen, dann ist die Information für das Tagesgeschäft völlig nutzlos. Hier ist es ja interessant, immer den aktuell offenen Plan beziehungsweise Bedarf zu sehen. Deshalb muß die im Datensatz gespeicherte Fortschrittszahl immer um den Aufsetzpunkt, also die aktuelle Produktionsfortschrittszahl reduziert werden."

„Da haben sie wirklich recht", meint Müller. „Alles andere wäre ja Augenkrebs verdächtig. Da könnten wir die Felder ja gleich weglassen!" Allgemeines Gelächter. „Kann ich jetzt die zweite Maske präsentieren?" frage ich. Die Anwesenden nicken mit dem Kopf, ich glaube sie sind zufrieden – denn wie sagt man im Schwabenland: Schweigen ist Lob genug.

So, das ist jetzt die letzte Steigerungsform, die ich noch auf Lager habe. Die Maske 'Simulation Zusatzbedarf pro Prozeßelement' müßte die letzten Zweifler vom Hocker reißen. Ich ziehe die Folie aus dem Stapel und positioniere sie auf dem Overhead-Projektor.

Simulation Zusatzbedarf pro Prozeßelement

| Selektion | Prozeßelement | Schalter 083709 | bis Termin | 06.08.96 | Zusatzbedarf | 1.000 |

bestehende Mengenplanung Prozeßelement (bis Termin)

| FZ Plan | 500 | FZ Bedarf | 0 | Diff.Plan m.Bedarf | 500 |
| Diff.Tage | 2 | Diff.Prozent | 2% | | |

bestehende Kapazitätsplanung Prozeßelement (bis Termin)

Kapaziätseinheit	Endmon. Schalter	Zusatzbelast.brutto	2 Std.	Zusatzbelast.netto	1 Std.
FZ Angebot	20 Std.	FZ Belastung	18,75 Std.	Diff.Ang. m.Belast.	1,25 Std.
Diff.Tage	1	Diff.Prozent	6%		

Einzelverfügbarkeit

Stufe	Prozeßelement	Brutto-zusatz-bedarf	Netto-zusatz-bedarf	bisher gepl. Bedarf	Lager-best.	gepl. Lager-zugang	spät. gepl.Zug.-datum	gepl. Lager-bestand	Diff.gepl. Bestand m.Bedarf
-1	FF 021519	1.000 Stk.	500 Stk.	1.250	700	750	05.08.96	1.450	200
--2	Sockel 052897	1.000 Stk.	300 Stk.	2.000	2.450	0		2.450	450
---3	Kunstoff 9870	90 Kg.	0 Kg.	810	4.500	0		4.500	3.690
---3	Einsatz 1798	2.000 Stk.	0 Stk.	42.370	50.000	50.000	02.08.96	100.000	57.630
--2	Wippe 1001	1.000 Stk.	300 Stk.	3.200	3.000	1.000	06.08.96	4.000	800
-1	Kabel 1403	1.000 Stk.	500 Stk.	500	1.000	0		1.000	500
-1	Klemmen 1602	3.000 Stk.	1.500 Stk.	34.200	38.000	50.000	05.08.96	88.000	53.800

Maske Simulation Zusatzbedarf pro Prozeßelement

„Das ist je der helle Wahnsinn!" ruft Roger verblüfft aus. Ich glaube, den Joker im richtigen Moment gezogen zu haben. „Genau das brauchen wir", freut er sich. „Ich hätte nie geglaubt, daß sie eine solch geniale Informationsmaske zaubern können. Wenn uns das die Fortschrittszahlen bringen, dann führen wir morgen ein." Er ist völlig aus dem Häuschen. Auch Vreni ist begeistert und äußert: „Da soll sich noch mal ein Kunde beschweren, daß wir zu lange mit unseren Antworten bräuchten. Wenn ich das richtig sehe, dann muß ich oben nur mein Teil, das Datum und die Menge eingeben und schon kann ich sehen ob es funktioniert oder nicht, stimmt's Klaus?" „Ja, so ungefähr", antworte ich. „Ich möchte gerne an dem Beispiel auf der Maske erklären, wie ich mir das vorstelle..." Man läßt mich nicht! Es scheint, als seien die Leute langsam so von den Möglichkeiten der Fortschrittszahlen überzeugt, daß sie sich die Maske selbst erklären wollen. Ich würde aber doch noch gerne meinen Gedanken zu Abschluß führen, deshalb stelle ich mich neben den Overhead-Projektor und verhalte mich ganz ruhig. Der erste, der es bemerkt ist Roger, und er beruhigt die Meute:

„Kommt, lassen wir Klaus erst mal zu Ende kommen. Dann können wir ja weiterdiskutieren." Die Runde kommt zur Ruhe.

Also setze ich wieder an: „Im oberen Teil der Maske ist der Planungsstand des angefragten Prozeßelements dargestellt. Wurde bisher, beispielsweise aus Sicherheitsgründen, zuviel geplant, so kann diese Menge grundsätzlich zur Abdeckung des Zusatzbedarfs verwendet werden." Meine Argumente scheinen anzukommen, wohlwollendes Nicken aus dem Zuhörerkreis. „In der Tabelle Einzelverfügbarkeit der Unterteile habe ich deshalb zwischen Brutto- und Nettozusatzbedarf unterschieden. Der Bruttobedarf stellt dabei die, für eine gesamte Neuproduktion, notwendigen Teile über alle Prozeßstufen dar. Beim Nettozusatzbedarf werden immer die Überschußmengen pro Prozeßstufe verrechnet. Durch den Vergleich der hellgrau unterlegten Spalten kann man leicht erkennen, ob die notwendigen Unterteile zur Produktion des erforderlichen Endproduktes vorhanden sind oder nicht. In diesem Beispiel ist bei dem Prozeßelement 'FF 021519' mit Schwierigkeiten zu rechnen. Es fehlen aufgrund des Planungsstandes auf jeden Fall 300 Stück. Kann diese Zusatzmenge dort noch produziert werden, so wäre eine Auslieferung gesichert, da das entsprechende Unterteil von 'FF021519' ausreichend frei verfügbar ist und die 'Endmontage Ascher' über genügend freie Kapazitäten verfügt." Nach der Beantwortung von einigen Verständnisfragen komme ich kurz und knapp zum Schluß und sage: „So, das ist mein Fortschrittszahlenkonzept. Details können bei mir im Büro erfragt werden."

Freundliches Klopfen auf den Tischen, und Herr Schmidt ergreift das Wort: „Einfach vorzüglich! Ich glaube, jetzt müssen wir nur noch darüber reden, bis wann das Fortschrittszahlenkonzept in ein Fortschrittszahlensystem überführt ist? Meine Dame, meine Herren, was halten sie von dem Konzept?"

Ich muß mich jetzt aber ganz dringend aus der Diskussion ausklinken, da sich mein Konfirmantenbläschen zu Wort meldet. Also entfleuche ich leise und suche das stille Örtchen auf. Puh, geschafft – das Konzept ist beim Chef schon mal durch, da bin ich wirklich froh.

Als ich wieder auf dem Weg zum Tagungsraum bin höre ich hinter mir eine vertraute Stimme rufen: „Du Klaus, warte mal!" Es ist Vreni, sie war wohl ebenfalls auf der Toilette und schließt zu mir auf. „Das hast du großartig vorgestellt. Ich glaube, das Konzept hat alle überzeugt." „Das freut mich", sage ich bestimmt. „Sei doch nicht so angefressen. Komm' das müssen wir feiern." Ob ich mit Vreni nochmal feiere, das muß ich mir sicher zweimal überlegen – aber nicht jetzt. Ich lasse sie stehen und begebe mich wieder in den Konferenzraum. Eine rege

Diskussion über das Für und Wider ist entbrannt. Als Wortführer habe ich Müller ausgemacht, der das Fortschrittszahlenkonzept mit dem gleichen Enthusiasmus vertritt, wie ehedem das KANBAN-Prinzip. Leise vernehme ich das Summen von Rogers Wecker. Ich schaue zu ihm hinüber, aber er steht nicht auf. Er ist in ein Zwiegespräch mit Bronner verwickelt und schaltet nur den Summer ab.

Es dauert wirklich geraume Zeit, aber am Ende sind alle davon überzeugt: Unsere bedarfsorientierte Serienfertigung mit dezentraler Planung und zentralem Frühwarnsystem läßt sich ausgezeichnet mit Fortschrittszahlen steuern. Selbst die Leute aus dem Segment Spritzguß sind am überlegen, ob sie nicht auf die Fortschrittszahlenphilosophie umsteigen soll. Denn zu wissen, was in Zukunft an Bedarfen auf das Segment zukommt, ist nie ganz falsch.

Als sich alle beruhigt haben, ist es sechzehn Uhr. Die Kaffeepause können wir jetzt als Abschluß der Veranstaltung nachholen. Doch bevor sich die Runde auflöst, ergreift Vater mahnend das Wort: „Ihre Euphorie in aller Ehren, aber ich möchte sie heute schon daran erinnern: Wenn sie eine Fortschrittszahlensteuerung einführen, dann gilt es völlig umzudenken – weg von der klassischen Start- / Endetermin Betrachtung, hin zu gesamtheitlicher Steuerung mit reinen Zielvereinbarungen." „Ich glaube, daß wir dabei kein Problem haben", ruft Müller. Aber Vater erhebt erneut die Stimme: „Und vor einem möchte ich sie warnen, bevor sie mit der Realisierung des Fortschrittszahlensystems beginnen: Es ist völlig nutzlos, überall dort, wo es grundsätzlich möglich ist, Fortschrittszahlen einzuführen. Ich kann ihnen aus eigener Erfahrung sagen, das System wird unübersichtlich. Bei uns haben sich nämlich die Spezialisten in dem Punkt übernommen. An allen nur erdenklichen Stellen, an denen es galt, Mengen mit der Zeitachse zu verbinden, haben sie Fortschrittszahlen eingeführt. Und heute wissen wir, vieles läßt sich anhand von wenigen Fortschrittszahlen ableiten." Er zückt einen Stift, geht ans Flip-Chart in der Ecke und schreibt einen Merksatz, den wir uns einprägen sollen:

Es gilt bei der Einführung von Fortschrittszahlen,
wie überall:
'So wenig wie möglich, so viel als nötig'.